행복한
출발을
응원합니다!
제자 최선정.

어서 왜 중학교는 처음이지?

어서 와! 중학교는 처음이지?

초 판 1쇄 2023년 02월 16일
초 판 2쇄 2023년 10월 10일

지은이 최선경
펴낸이 류종렬

펴낸곳 미다스북스
본부장 임종익
편집장 이다경
책임진행 김가영, 신은서, 박유진, 윤가희, 윤서영, 이예나

등록 2001년 3월 21일 제2001-000040호
주소 서울시 마포구 양화로 133 서교타워 711호
전화 02) 322-7802~3
팩스 02) 6007-1845
블로그 http://blog.naver.com/midasbooks
전자주소 midasbooks@hanmail.net
페이스북 https://www.facebook.com/midasbooks425
인스타그램 https://www.instagram.com/midasbooks

© 최선경, 미다스북스 2023, *Printed in Korea*.

ISBN 979-11-6910-152-3 03590

값 15,000원

23년차 현직 교사의
중학생 자녀교육 가이드

어서 와!
중학교는 처음이지?

최선경 지음

★★★★★
중학교 생활
성적 및 출결 관리
꿀팁 대방출

★★★★★
23년차 교사의
자녀교육 고민
학부모 상담

★★★★★
2023 대구광역시
교육청 책쓰기
프로젝트

아이를 중학교에 보내며 꼭 알아야 할 것들

미다스북스

23년차 교사가 말하는 중학교 생활백서
_유용한 현직 교사의 꿀팁

2022년 2월 『중등 학급경영』 책을 출간했다. 초등학교에 비해 중·고등학교에서 활용할 수 있는 학급경영 자료가 턱없이 부족하다는 인식에서 집필을 결심했다. 『중등 학급경영』 책 출간 후 여러 커뮤니티를 통해 몇 차례 무료 특강을 진행했다. 교사 커뮤니티 외에도 다양한 직종의 분들과 소통하는 편인 필자는 수업과 학급경영 아이디어를 여러 경로를 통해 얻는 편이다. 학교 밖 커뮤니티에서 만난 분들과의 대화를 통해서 자극을 받기도 하고 생각의 폭이 넓어지는 경험을 자주 한다. 새 책이 나와서 소개는 드리고 싶은데, 학급경영이라는 것은 교사에게 해당하는 주제이니 어떻게 접근해야 할까 고민이었다. 그러던 중 예비 중학생 학부모들을 상대로 중학교 생활에 대한 정보를 들려주면 좋겠다는 아이디어가 떠올랐다. '중학교 생활백서'라는 주제로 초등학교와 중학교 생활의 차이점, 중학교 생활에 잘 적응하기 위해서 준비해야 할 것들에 대해 특강을 해보기로 했다. "중학교 자유학기제가 그렇게 운영되는지 몰랐네요. 교복이 무상 지원되는지 몰랐어요. 선생님이 소개한 성장 일기를 우리 자녀, 조카와도 써봐야겠어요." 등 특강에 대한 긍정적인 피드백이 많았다. 어떤 학부모님들은 "오늘 특강은 아이와 함께 들었으면 좋을 뻔했어요." 라는 말씀을 해주기도 하셨다. 필자는 당시 『중등 학급경영』 책을 알리기 위해 했던 특강에서 새로운 영감을 얻었다. 이제까지 필자가 만난 학생들에게 적용하던 활동들만 잘 모아서 정리해도 많은 분들에게 도움을 줄 수 있겠다는 생각이 들었던 것이다. 그렇게 이 책의 집필은 중학교 자녀를 둔 엄마의 마음과 22년간 교사로서 학생들을 관찰하고 돕고 함께 생활해온 경험이 바탕이 되었다. 무엇보다 필자의 자녀와 비슷한 또래의 학생들과 필자와 비슷한 입장에 있는 부모님들에게 도움을 주고 싶다는 마음이 컸기에 집필을 결심하게 되었다.

교사이기도 하지만 학부모이기도 한 입장에서 자녀가 학교에서 어떻게 생활하고 있는지 궁금할 때가 많다. 아이 성향에 따라 다르겠지만, 사춘기 소년들은 집에서는 참 말이 없다. 학부모 입장에서 생각해 보니, '자녀들이 이 시기에는 이런 활동을 하고 있겠구나, 이렇게 시험 준비시키면 되겠구나…' 하는 자녀교육 가이드북이 있으면 좋겠다는 생각이 든다. 교사 입장에서는 아이들을 가정에서 최대한 교육을 잘 시켜서 학교에 보내주기를 바라지만, 학부모 입장에서는 하루 종일 아이가 생활하는 학교에서 그만큼 교육을 잘 시켜줬으면 하는 바람이 큰 것이 사실이다. '엄마 말은 안 들어도 선생님 말은 잘 들으니 선생님께 부탁드린다'는 말이 필자도 이제는 이해가 된다. 23년차 현직 교사가 알려주는 중학교 생활백서 내용이 학부모들에게 도움이 되었으면 좋겠다. 학부모뿐만 아니라, 학생들도 이 책을 통해 어떻게 하면 중학교 생활을 잘할 수 있을지에 대한 아이디어를 얻어갈 수 있으면 좋겠다. 필자가 반 아이들과 사용하는 각종 양식들을 직접 활용해본다면 실질적으로 더 도움이 될 것이다.

중학교로 진학하면서 달라진 교육 환경에 적응하기에 아이들만큼이나 학부모도 어리둥절할 것이다. 이제는 중학생이 되었으니 학업성적에 신경 써야 한다고 생각은 하지만 막상 아이들에게 어떤 도움을 주면 좋을지, 몸도 마음도 하루가 다르게 변하는 아이를 어떻게 이해하고 대화해야 할지, 고등학교 진학 준비는 어떻게 해야 할지 막막할 것이다. 그래서! 이 책에 중학교 생활 3년 동안의 내신 관리 비법, 마인드 셋 잡기까지 학부모들이 자녀를 교육할 때 마주치는 다양한 고민들을 해결하는 데 도움을 줄 수 있는 알찬 정보들을 담았다. 학교 현장에서 아이들을 어떻게 지도하고 있는지 보여주고, 가정에서 부모가 아이들을 어떻게 교육하고 대하면 좋을지도 제시한다. 1장에서는 중학교 입학을 앞둔 학생과 학부모들이 궁금해할 중학교 생활의 기본적인 정보들을, 2장에서는 학부모들의 관심이 가장 클 내신 성적 관리법을, 3장과 4장에서는 중학교 적응을 잘하기 위해 갖추어야 할 기초체력과 습관에 대해 정리해보았다. 5장은 중학교 자녀를 키우는 엄마 입장에서 학부모들에게 전하고 싶은 메시지를 담았다.

자녀교육을 잘하고 싶으면 그만큼 부모가 공부를 해야 한다고 생각한다. 일만 시간의 법칙은 비단 전공 분야에만 적용되는 것은 아닐 것이다.

좋은 부모가 되고 싶으면 그만큼 노력해야 하겠다. 육아서를 읽고 좋은 강연을 듣는 것도 공부지만 진짜 공부는 따로 있다. 부모가 먼저 자신을 수양해야 한다. 부모가 먼저 공부하고 노력하는 모습을 보여야 한다. 필자가 학교 현장에서 만나는 학생들의 모습이 다양한 만큼 학부모들의 모습도 다양하다. 결혼할 때 부모 자격 시험을 필수로 쳐야 한다는 말이 나올 정도로, 부모로서의 자질이 의심스러운 학부모도 가끔 만난다. 자기 자녀의 문제, 자신의 문제를 받아들이고 인정할 때 문제는 해결된다. 이 책에서 필자가 제시하는 다양한 습관 실천을 자녀에게만 하라고 권하지 말고 부모도 함께 실천해보기를 바란다. 부모가 변하지 않으면 자녀도 변하지 않는다. 부모가 먼저 실천하고 변하는 모습을 보여야 자녀도 변한다.

사춘기 자녀와 행복한 하루하루를 보내기를
바라는 마음을 담아
2023년 2월
저자 최선경

목차

제1장 아이를 중학교에 보내며 꼭 알아야 할 것들

제2장 중학교 내신 성적을 잡아라!

제3장 중학교 적응을 위한 기초체력을 다져라

일러두기

이 책에 실린 관계 법령이나 제도, 지침 등은 2023년 기준으로 작성되었으며, 변경된 내용은 관련 부서에서 안내하는 지침이나 공문을 참고해야 하며, 이 책의 내용은 법적·행정적 절대성을 갖거나 각종 사안에 대한 대응 근거로 사용될 수 없습니다.

A Guide for Middle School Students

아이를 중학교에 보내며 꼭 알아야 할 것들

1

중학교는 초등학교와 차원이 다르다

즐거운 학교생활을 위한 체력 관리는 필수!

초등학교 1시간 수업은 몇 분일까? 중학교 1시간 수업은 몇 분일까? 정답은 초등학교는 40분, 중학교는 45분이다. 초등학교와 중학교의 가장 큰 차이점 중에 하나다. 참고로 고등학교 1시간 수업은 50분이다. 5분이 뭐 그리 대수냐고 할 수도 있겠지만 학생들의 발달 정도에 따라 집중도 자체가 다른 것을 잘 반영한 것이라 할 수 있다. 대부분의 중학교 등교 시간은 8시 20분, 하교 시간은 오후 3시 30분 이후이다. 초등학교에 비해 수업 시간도 길어지고 학교에 머무는 시간이 길어질 뿐만 아니라 활동량도 많아지다 보니 체력 관리가 필수다. 주로 교실에서 수업이 이루어지기는 하지만, 체육 시간에는 강당이나 운동장으로, 음악 시간에는 음악실로, 가정 시간에는 가정실로, 정보는 컴퓨터실로 이렇게 이동이 많은 편이다. 체력이 곧 실력이라는 말이 있듯이 학교생활을 잘 해나가기 위해서는 체력이 중요하다. 시험 기간에 아파서 빠지기라도 하면 평소 노력한 만큼 자신의 실력 발휘를 제대로 못 하게 된다. 공부를 꾸준하게 해야 하듯이 꾸준한 체력 관리도 필요하다. 골고루 잘 먹고 적당한 운동을 하는 것은 중학교 생활 적응에서 첫 번째로 기억해야 할 사항이다.

과목별로 다른 선생님과 준비물, 생활 규정들,
스스로 정리하고 관리하는 능력이 필요하다!

초등학교 때는 영어나 체육처럼 교과 전담이 있는 수업을 제외하면 거의 하루 종일 담임 교사와 한 교실에서 지내지만, 중학교의 경우 시간표에 따라 교과 담당 선생님이 달라진다. 하루의 대부분을 담임 교사와 수업을 하는 초등학교 시스템과 가장 큰 차이라 할 수 있겠다. 중학교에서는 담임 교사라고 해도 담임 반 아이들을 볼 수 있는 시간은 그리 길지 않다. 조·종례 시간, 점심시간과 청소 시간에 만나는 것이 보통이다. 그 외에는 본인 담당 교과 시간표에 따라 담임 반 아이들과의 수업이 이루어진다. 보통 6, 7교시까지 수업을 하니 학생들은 하루에 6~7명의 선생님을 만나게 되는 셈이다.

과목별로 선생님이 다르다는 것은 과목별 준비물과 과제는 스스로 챙겨야 한다는 뜻이기도 하다. 과목별 첫 시간 오리엔테이션 때 담당 선생님 성함과 교무실 위치를 익혀서 질문이 있을 때는 개인적으로 찾아가

질문을 하는 것이 좋다. 초등학교 때처럼 담임 교사가 모든 것을 다 챙겨줄 수가 없다. 각 교과마다 요구하는 과제도 다 다르고 나눠주는 자료도 많다 보니 과목별로 자료 모으는 자체를 힘겨워하는 아이들도 많다. 자기관리 능력, 자기 주도적인 학습 능력이 없으면 중학교 생활에 적응하기 힘들다. 무엇이든 스스로 정리하고 관리하는 능력을 키워야 한다.

초등학교와 다른 중학교 구조

중학교에서는 담임 교사가 교무실에서 업무를 본다. 물론 교과 교실제를 채택하여 해당 과목을 정해진 교실에서 수업하는 학교도 있기는 하지만 대부분의 학교는 학생들이 자신의 반에 머무르고 담당 교사가 시간마다 해당 교실을 찾아가는 구조로 되어 있다. 교탁 외에 교사가 상주할 수 있는 책상이나 의자가 담임 반 교실에 없다. 수업 시간 외에 쉬는 시간, 공강 시간에 교사는 교무실에 머무른다. 교사 개인의 공간이 없다는 말이다. 간혹 자녀에게 전할 말이 있으니 전화를 바꿔달라고 하는 부모님도 있는데, 담임 교사도 본인 교실에 마음대로 들어갈 수가 없는 구조다. 교과 교사가 수업하고 있거나 아이들이 특별실로 이동하고 반에 없는 경우도 많기 때문이다. 학생의 상황이 바로 파악이 안 되는 경우가 종종 있는데 이런 상황을 답답해하는 부모님도 있다. 교무실에 전화를 했을 때도 담임 교사가 수업을 하고 있는 경우에는 다른 분이 전화를 당겨 받거나 교무실 선생님들이 모두 수업을 가거나 업무처리로 자리를 비우는 경우 전화 연결이 아예 안 되기도 한다. 이런 중학교 구조를 미리 이해하고 있다면 답답함이 조금은 해소되지 않을까 한다.

3학년 07반 시간표

OO중학교

요일	1교시	2교시	3교시	4교시	5교시	6교시	7교시
월	영어 최선경	체육 김OO	체육 김OO	국어 이OO	수학 오OO	과학 박OO	
화	국어 이OO	과학 박OO	영어 최선경	중국어 김OO	체육 김OO	역사 유OO	음악 강OO
수	사회 김OO	국어 이OO	수학 오OO	중국어 김OO	영어 최선경	가정 최OO	
목	역사 유OO	영어 최선경	과학 강OO	스포츠 클럽	사회 김OO	기술 최OO	기술 최OO
금	국어 이OO	과학 강OO	수학 오OO	수학 오OO	미술 이OO	창체	창체

중학교 학반 시간표 예시

최선경

	월	화	수	목	금
1(08:30~09:15)	306	306	학년 협의회	307	부장 회의
2(09:20~10:05)	307	305			307
3(10:10~10:55)			308		
4(11:00~11:45)	308		306	학년회	308
5(12:35~13:20)	305	307	305	306	
6(13:25~14:10)		308		305	창체
7(14:15~15:00)	교직원 회의		교원연수		

중학교 교사 시간표 예시

타인을 이해하고 배려하려는 자세를 갖추는 것이 중요하다!

필자가 생각하는 초등학교와 중학교의 가장 큰 차이점은 학생들끼리만 지내는 쉬는 시간과 점심시간이다. 중학교 입학 후 3월까지 긴장의 끈을 늦추지 못하고 눈치를 보던 학생들은 4월로 접어들면서 서서히 자신들만의 시간을 즐기기 시작한다. 초등학교 때는 아무래도 담임 교사가 교실에 상주하다 보니 온전한 자유는 누리지 못했을 터이다. 담임 교사의 성향에 따라 다르겠지만 말이다. 중학교 학생들이 학교 폭력 사안, 친구들 사이의 다툼이나 갈등이 많아 보이는 것도 본인들끼리 지내는 그 자유의 시간을 어떻게 보내야 할지 주체를 하지 못해 생기는 일이라고도 볼 수 있겠다. 초등학교 때는 담임 교사와의 관계만 잘 만들어가면 되지만 중학교에서는 11과목의 선생님 개개인과 관계를 잘 맺어나가는 것도 큰 차이다. 관계 맺어야 할 친구와 교사들이 많아지니 그만큼 더 어렵기도 할 테지만, 학교에서 꼭 배우고 익혀야 할 역량 중 하나가 이런 관계 맺기이니만큼 타인을 이해하고 배려하려는 자세를 갖추는 것이 중요하겠다.

복장 생활 규정 미리 확인하자!

자유로운 복장으로 다니던 초등학교와는 달리 중학교에서 학생들이 적응하기 힘들어하는 것 중 하나가 복장과 두발 규정이 있다는 것이다. 대부분의 중학교는 사복을 허용하지 않고 교복이나 생활복, 학교 체육복을 입고 생활하도록 규정하고 있다. 학교별로 복장과 두발 규정도 차이가 있으니 화장이나 염색 등이 금지되어 있는지 미리 확인하도록 한다. 규정에 맞지 않는 복장과 태도로 괜한 오해를 살 필요는 없다. 교육청별로 교복 구입비를 지원하는 곳도 있으니 입학 전에 미리 구입하지 말고 입학 후 학교의 안내를 받아 구입하는 것이 좋겠다. 배정받은 학교의 복장이나 두발 규정이 어떤지 학교 홈페이지를 통해 미리 확인해두는 것이 좋다.

◎ 선경쌤의 중학교 생활 가이드 ◎

수업 시간도 늘어나고 이동도 많아지는 중학교에서 즐거운 학교생활을 위한 체력 관리는 필수. 과목별로 선생님이 달라지다 보니 챙길 것도 많아져요. 스스로 정리하고 관리하는 능력이 꼭 필요합니다. 새로운 친구들, 여러 선생님들과의 관계 맺기를 위해서 타인을 이해하고 배려하려는 자세 또한 중요해요.

2

정보들은 모두 학교 홈페이지에 있다

중학교 입학원서를 쓰기 전 자녀와 함께 배정 희망하는 중학교를 방문하여 운동장이나 건물을 직접 눈으로 확인하자. 자녀가 학교 입학 후 적응하는 데 도움이 될 수 있다. 필자 또한 자녀가 중학교에 진학할 때 희망하는 학교를 직접 가보고 원서를 썼다. 아이가 원하는 학교에 배정받는 것이 학교생활 적응에 도움이 된다고 생각했기 때문이다.

학교 홈페이지 공지 사항과 가정통신문란을 확인하라!

학교 배정을 받고 나서 예비 소집일에 중학교 생활에 대한 안내를 받기는 하겠지만 중학교 입학 전이나 학교생활 중에도 학교에 대한 전반적인 정보는 학교 홈페이지를 통해 확인하면 된다. 학교 홈페이지에는 기본적인 학교의 역사와 비전, 1년 전체 계획, 평가 계획 등 학생과 학부모

가 알아야 할 정보가 잘 정리되어 있다. 학생들이 가장 궁금해하는 '이달의 식단'도!(⌒⌒)

학교 홈페이지를 이용하는 방법은 간단하다. 자신이 다니게 될 학교의 이름을 인터넷에서 검색하기만 하면 된다. 학교의 홈페이지 주소를 클릭하면 오른쪽 페이지와 같은 학교 홈페이지 첫 화면을 만날 수 있다. 참고로 학교 홈페이지의 모습은 시·도마다 다르지만 담겨 있는 내용은 큰 차이가 없다. 홈페이지에 접속하면 여러 항목이 있지만 그중에서 학생과 학부모들이 주로 활용할 탭은 바로 '공지 사항'란과 '가정통신문'란일 것이다. 어떤 정보를 어디에 올리는지는 학교마다 차이가 있을 수 있지만 대부분 공지 사항란에서 임시시간표나 학교 행사 계획, 각종 서류 양식 등을 찾을 수 있다. '학교알리미' 서비스를 신청하면 가정통신문이나 공지 사항이 홈페이지에 탑재될 때마다 문자나 카톡으로 알림을 받을 수도 있다. 중요한 안내 사항은 가정통신문을 통해 학교에서 가정으로 안내를 하지만 필자의 경험상 가정통신문이 아이들 손을 거쳐 온전히 집으로 전달되는 경우는 드물다. 물어도 대답 없는 자녀를 붙들고 답답해하지 말고 학교 홈페이지 공지 사항란을 수시로 확인하도록 하자.

학교 홈페이지 첫 화면 예시

공지사항	가정통신문	▶ MORE
• 2023학년도 학교 인성교육계획 수립을 위한 설문조사		[22/12/26]
• 2022학년도 학교자율감사 운영 계획 안내		[22/12/16]
• 2023학년도 교과서 선정 결과 안내 및 교과서 목록		[22/12/14]
• 2023. 달성군 원어민 화상영어 학습센터 수강생 모집 안..		[22/12/13]
• 2022학년도 2학기 학사일정		[22/12/12]

공지 사항, 가정통신문 탭 예시

학기 초 교육과정 운영 계획과 평가계획을 확인하라!

특히 3월에 공지 사항란에 있는 '교육과정 운영 계획서'를 꼭 확인하기 바란다. 교육과정 운영 계획서는 학교가 1년 학사일정을 어떻게 운영하는지를 자세하게 소개하는 자료이다. 기본적인 1년의 학사 일정부터 교육과정 편성, 창의적 체험 활동 연간 계획, 다양한 교과목의 연간 계획,

그리고 무엇보다 관심이 많을 '교과 평가계획' 등을 확인할 수 있다. 학교는 새로운 학년을 시작하기 전에 1년 전체 계획을 미리 세운다. 입학식, 중간·기말고사, 공휴일뿐만 아니라 대청소(교내 봉사활동), 각종 계기교육 등 다양한 활동도 이미 학생들을 위해 계획된 교육활동이다. 학교 특색활동이 뭐가 있는지 미리 알아두면 참가를 생각해볼 수도 있고 정보공시 자료를 통해 교과별 학습 진도가 어떻게 흘러가는지를 알아두면 공부 계획을 세우는 데 도움을 받을 수 있다. 교내에서 어떤 상을 탈 수 있는지 등의 중요한 정보도 알 수 있으니, 학기 초에 확인하여 자녀 학교생활에 도움을 받기 바란다.

학교 홈페이지를 통해 과목별 교과서 출판사 정보나 '보호자 동행(동의) 개인별 교외현장체험학습' 신청서 등 각종 필요한 서류도 다운로드할 수 있다. 중학교에서는 선생님마다 맡은 업무가 다르다. 본인 업무가 아닐 경우 담당자를 거쳐서 내용을 확인해야 해서 학부모님의 질의에 바로 응답하기 힘든 경우도 많다. 학교에서 이루어지고 있는 교육활동 관련 공식적인 자료가 학교 홈페이지에 탑재되어 있는 것이니 학교 홈페이지를 통해 필요한 정보를 얻는다면 학교로 전화를 하여 질의를 하고 기다리는 시간을 아낄 수 있다.

중학교 입학 때뿐만 아니라 중학교 졸업을 앞두고도 학교 홈페이지가 요긴하게 쓰인다. 중학교 3학년 때 진학할 고등학교를 선택하고 원서를 작성할 때도 학교 홈페이지 정보는 유용하다. 대부분의 학교가 입학전형을 학교 홈페이지를 통해 안내하기 때문이다. 입학에 필요한 서류 안내, 전형 날짜 등 고등학교 입학 관련 정보가 있을 뿐만 아니라, 학교의 전통과 집중적으로 이루어지는 교육활동을 확인할 수도 있다. 특히 특성화 고등학교의 경우 각 과목의 특성과 전망 등을 확인할 수도 있다. 고등학교 진학 시 면접을 보는 경우에 학교 홈페이지를 꼼꼼하게 살펴보고 학교에 대한 정보를 파악해두는 것이 큰 도움이 될 것이다.

2022학년도 학사일정 운영 계획

■ 1학기 학사일정(수업일수: 95일) ※ 스포츠 화 오전(2년), 목 1~2(1년), 목 3~4(3년)

월	주	수업	월	화	수	목	금	비 고
3월 (21일)	1	3		삽일절	개학식2 입학식 월1일	1스1, 3스1	정체4	3/2 개학식(2,3학년, 자율1, 봉사1) 입학식(1학년, 자율1, 봉사1)1,2교시 3/4 학교교정보전달(봉사1, 6교시)
	2	4	7	진로행사8	20대 대통령 선거9	10 1스2, 3스2	11 정체6	3/8 진단검사(1,2,3학년) 3/11 학급임직조직(자치1, 6교시)
	3	5	14	15 2스3,4	16	17 1스3, 3스3	18 정체6,7	친구사랑주간 3/18 동아리 활동1(6교시) 학교폭력예방교육(자율1, 7교시)
	4	5	21	22 2스5,6	23	24 1스4, 3스4	25 정체6	3/25 저작권 교육 및 IBS교 안내
	5-1	5	28	29 2스7,8	30	31 1스5, 3스5		상담주간
4월 (21일)	5-2	1					정체4	4/1 성폭력예방교육(자율1, 6교시) 4/2(토) 국가공무원시험
	6	5	4	5 영어듣기(1학년)	영어듣기(2학년)6	7 1스6 3스6	8 정체6,7	4/5,6 영어듣기(1~3학년) 4/8 과학의 날 행사4(자율1, 6,7교시)
	7	5	진로(2)11	학생 공감형 체험12 1진로(5~7)	13	14 1스7, 3스7	15 정체6	4/11 표준화 검사(진로1, 2교시) 4/12 학생상담(진로1학년, 진로3~7교시) 4/15 동아리 활동3(6교시)
	8	5	18	19 2스13,14	20	21 1스8, 3스8	22 정체6	4/22 장애이해교육(자율1, 6교시)
	9	5	25	26 2스15,16	27	중간고사(1,2,3학년)	중간고사(1,2,3학년) 봉사(4)	4/28~29 중간고사(1,2,3학년) 4/29 학교환경전달봉사활동(봉사1, 4교시)
5월 (20일)	10	3	2 2스17,18	4	어린이날	재량휴업일		인성교육실천주간
	11	5	9 2스19,20	11		1스9, 3스9	13 정체6	5/13 흡연 등 약물 오남용 예방교육(자율1, 6교시)
	12	5	인성교육1학년 1~3번16	인성교육1학년 4~6번17 2스21,22	인성교육1학년 7~10번18	19 1스10, 3스10	20 정체6	다문화교육주간 5/16~18 인성교육(1학년 교과연계) 5/20 동아리 활동5(6교시)
	13	5	1진로(1~6)23	24 2스23,24	25	26 1스11, 3스11	27 정체6	통일교육 주간 5/23 진로체험(1학년 진로 1~6교시) 5/27 학생도덕예방교육(자율1, 6교시)
	14-1	5	30	31 2스25,26				
6월 (20일)	14-2	2			2022 지방선거의 날	1스12, 3스12	정체6	6/3 동아리 활동1(6교시)
	15	4	현충일	7 2스27,28 1진로(1~7)	8	1스13, 3스13	동아리(1~6)	6/7 진로체험(1학년 진로7, 1~7교시) 6/10 동아리활동6(전일제1~6교시)
	16	5	13	14 2스29,30	15	16 1스14, 3스14	17 정체6,7	6/17 학교폭력예방교육(자율1, 6교시) 학교환경전달봉사(봉사1, 7교시)
	17	5	20	21 2스31,32	22	23 1스15, 3스15	24 정체6	6/24 생명존중교육(자율1, 6교시)
	18-1	4	기말고사(2,3학년)	기말고사(2,3학년)	기말고사(2,3학년)	30 1스16, 3스16		6/27~29 기말고사(1,2,3학년)
7월 (13일)	18-2	2					1 정체6	7/1 성폭력 예방교육(자율1, 6교시)
	19	5		5 2스33,34		동아리(1~7)	정체6	7/7 동아리 활동(전일제1~7교시) 7/8 금융교육(진로1, 6교시)
	20	5	영어캠프1학년 교과11	영어캠프2학년 교과12	영어캠프3학년 교과13	1스17, 3스17	정체6,7	7/15 노동인권교육(자율1, 6교시) 학교환경전달봉사(봉사1, 7교시)
	21	2	18	여름방학식19 (1~6교시)				7/19 여름방학식

학사 일정 예시

공지	선생님	변경된 보호자 동행(동의) 개인별 교외현장체험학습(신..
공지	선생님	2022학년도 ●●중학교 학사일정
공지	선생님	코로나19 감염 예방을 위한 가정학습 신청서 양식 안..

공지 사항에 올라온 자료 예시

◎ 선경쌤의 중학교 생활 가이드 ◎

학교 홈페이지에는 기본적인 학교의 역사와 비전, 1년 전체 계획, 평가계획 등 학생과 학부모가 알아야 할 정보와 부모동행체험학습 신청서 등 필요한 서류가 잘 정리되어 있습니다. 학교 홈페이지를 적극 활용하세요.

3

내신 성적에도 반영되는 출결 규정은?

　출석해야 하는 날에 학교에 오지 않았을 때 결석으로 처리되며, 이와 같은 출결 상황은 학교 생활기록부에 기록된다. 학생부의 다른 활동 내역이 좋아도 병결이나 지각, 결석 등이 잦다면 학생의 성실성에 좋지 못한 인상을 줄 수도 있다. 결석을 해도 출석으로 인정되는 경우도 있다. 학교마다 세세한 차이가 있을 수는 있지만 일반적으로 인정되는 출결 규정에 대해 알아보자. 학생들이 자주 놓치는 부분이 지각이나 결과이다. 미인정 지각이나 결과가 3회 이상이면 결석 1회로 보는데 이는 내신 성적에서 감점 요인이 되니 미인정 결석뿐만 아니라 미인정 지각이나 조퇴, 결과를 하지 않도록 특히 주의해야겠다.

① 질병 결석
　질병으로 인한 결석(병결)으로 일반적으로 학생들이 가장 많이 하는 결석이다. 질병 결석 처리를 위해서는 결석한 날로부터 5일 이내에 의사 진단서 또는 의견서를 첨부하여 결석계를 제출해야 한다. 비상습적인 2일 이내의 단기 결석은 병으로 인한 결석임을 증명할 수 있는 증빙자료 (학부모 의견서, 담임 교사 확인서, 약국 처방전, 약 봉투 중 하나)로도 가능하다. 이렇게 진단서나 처방전 등과 같은 증빙자료가 필요한 이유는 미인정 결석과 구분하기 위함이다. 참고로, 코로나19 또는 신종 인플루엔자 등의 법정 감염병은 질병 결석이 아닌 출석 인정 결석에 해당된다. 단, 출석 인정을 받기 위해서는 증빙자료가 꼭 필요하다.

출석이 인정되는 경우를 알아두자!

② 출석 인정 결석

특별한 상황에서 출석이 인정되는 경우를 출석 인정 결석이라 한다. 다음에 해당되는 경우 인정 결석으로 처리된다.

○ 교외체험학습

학생, 학부모의 희망을 받아 학교장이 허가하는 기간으로 연간 15일 이내를 출석으로 인정한다. 학교장의 사전 허가인 만큼 학교장의 결재가 필수이므로, 신청일로부터 3일~1주일 전에 미리 신청해야 한다. 교외체험학습 형태는 가족 동반 여행, 친인척 방문, 답사 · 견학 활동, 체험활동, 가정학습 등이 있다. 체험학습 신청서는 학습계획을 포함해 작성해야 하며, 국외 현장체험학습 신청 시 국외여행신고서를 포함해 제출해야 한다. 보고서는 해외여행 시 여권 사본 또는 항공권 등 증빙서류, 본인과 동행자 등 방문 장소가 확인 가능한 사진, 입장권 등의 증빙자료를 첨부하여 일자별로 작성한다. 보고서는 학교에 돌아온 후 7일 이내 담임 교사에게 제출해야 하며, 해당 문서 양식들은 학교 홈페이지에서 다운받을 수 있다. 보호자 동행(동의) 개인별 교외체험학습 내용에 코로나 감염 예방을 위한 목적으로 가정학습을 신청할 수 있다. 가정학습 신청을 원하면 신청서를 작성해 학교(담임 교사)로 제출한다. 보호자 외 타인과 동행 시 '동의서' 작성 후 신청서와 함께 담임 교사에게 제출하면 된다.

○ 경조사

경조사로 인한 출석 인정 결석은 그 사유가 발생한 날을 포함한 연속된 결석일수를 출석으로 인정한다. 경조사 일수는 토요일, 공휴일, 재량휴업일로 인해 분리되는 경우를 제외하고 분할 처리가 불가하다. 사망의 경우에는 그 사유가 발생한 그다음 날부터 결석일수 처리가 가능하다. 경조사 가능 일수는 다음과 같다.

구분	대상	일수
결혼	형제 · 자매, 부모	1
입양	학생 본인	20
사망	부모, 조부모, 외조부모	5
	증조부모, 외증조부모 형제 · 자매 및 그의 배우자	3
	부모의 형제 · 자매 및 그의 배우자	1

이때 필요한 서류는 사망확인서, 가족관계를 나타낼 수 있는 가족관계 증명서, 하나의 가족관계증명서로 나오지 않는 경우 각각의 가족관계증 명서(예: 조부모와 학부모+학부모와 학생), 사망인과 학생 이름이 함께 있는 부고장 중 하나이다.

○ 생리 결석

여학생의 경우 생리통이 극심해 출석이 어려운 경우, '기타 부득이한 사유로 학교장의 허가를 받아 결석하는 경우'로 보아 출석으로 인정한다. 단 생리 결석인 만큼 월 1회만 사용 가능하다. 질병 결석과는 달리 의료 적 확인(진단서, 소견서, 처방전 등)이 필요 없으며, 담임 교사 의견서 또 는 학부모 의견서를 제출하면 된다.

특성화고등학교에서 학교장의 허가를 받은 산업체 실습 과정 참가로 출석하지 못한 경우, 학교장의 허가를 받은 학교, 시도, 국가를 대표한 대회 및 훈련 참가로 출석하지 못한 경우에 인정 결석에 해당되며, 이때 학생 선수의 대회 및 훈련 참가 허용 일수는 30일 이내이다. 지진, 폭우, 폭설, 해일 등의 천재지변 또는 법정 감염병(학교 내 확산 방지를 위해 학교장이 필요하다고 인정하는 비법정 감염병 포함. 예: 독감)으로 출석 하지 못한 경우도 인정 결석에 해당한다.

내신 성적 감점 요인이 되는 미인정 결석은 하지 않도록 한다!

③ 미인정 결석

합당하지 않은 이유 또는 고의로 결석하는 것으로, 입시의 출결 사항에서 감점을 받게 되며 미인정 결석이 잦을 경우 학교에서 징계를 받을 수 있다. 다음의 경우, 미인정 결석으로 처리된다.

- 태만, 가출, 학교생활 부적응, 출석 거부
- 학교 폭력 또는 교칙 위반으로 인한 정학 처분을 받는 경우
- 범법 행위로 관련 기관 연행, 도피, 구금, 구류 등
- 교육청에서 주관하지 않은 경연대회에 참가하는 경우
- 학원 수강으로 결석하는 경우
- 교외체험학습 신청서 제출일에 맞춰 서류 제출을 하지 않은 경우
- 학교에서 인정한 교외체험학습 인정 일수를 초과한 경우
- 질병 결석을 하고 정해진 기간 내 증빙서류를 제출하지 않은 경우
- 사전 연락 없이 무단 지각한 경우. 미인정 지각 3회는 미인정 결석 1회와 같고, 미인정 결석은 내신 성적에서 감점 처리
- 미인정(무단) 조퇴, 결과(수업 시간에 무단으로 이탈하는 경우)도 마찬가지로 처리

④ 기타결석

부모 및 가족 봉양, 가사 조력, 간병 등 부득이한 개인 사정에 의한 결

석임을 학교장이 인정하는 경우이다. 기준이 애매한 경우가 많아 일반적으로 학교에서 처리해주는 경우는 매우 드물다.

학교를 결석 없이 성실하게 학교에 다니면 개근상 또는 정근상을 받을 수 있다. 개근은 해당 학년 동안 1회의 결석(또는 지각, 조퇴, 결과)도 없는 경우를 의미한다. 학교생활기록부 상에는 1년 단위로 개근이 입력된다. 정근상의 기준은 시·도교육청 및 학교의 방침에 따라 다를 수 있으니 재학하고 있는 학교 기준을 확인하는 것이 정확하다.

출처: 학교생활기록부 작성 및 관리지침, 생활기록부 기재 요령(2023), 자녀교육 가이드북(2023)

◎ 선경쌤의 중학교 생활 가이드 ◎

출결 상황은 학교 생활기록부에 기록됩니다. 학생부의 다른 활동 내역이 좋아도 병결이나 지각, 결석 등이 잦다면 학생의 성실성에 좋지 못한 인상을 줄 수도 있습니다. 특히 내신 성적에서 감점 요인이 되는 미인정 결석(지각, 조퇴, 결과)을 하지 않도록 주의합니다.

4

담임 선생님과의 상담, 똑똑하게 준비하라

학부모 상담 망설이지 말고 신청하라!

매년 3월이면 새 학기가 시작되고 학부모들은 자녀교육 문제로 걱정이 많다. 새로운 학년이 되어서 새로운 담임 선생님과 아이들과 잘 지내고 학교 적응은 잘하고 있는지 공부는 어느 정도 하는지 여러 가지가 궁금할 것이다. 아이들 말만 그대로 믿을 수도 없을 뿐더러 학년이 올라갈수록 학교생활에 대한 말을 줄이기 때문에 부모 입장에서는 걱정이 되기 마련이다. 필자 또한 그랬다. 아이에 대한 궁금증은 많지만 막상 학교로 담임 선생님을 찾아가려면 사소한 것까지 마음이 쓰여서 망설이게 되는 것이 사실이다. 그럴 땐 이 사실을 기억하자. 학부모가 상담 신청을 한다고 해서 교사가 싫어하지 않는다. 오히려 아이에게 관심이 있는 학부모라고 생각한다. 교사 또한 내 자녀의 성장과 발전을 최우선으로 생각하는 같은 배를 탄 동지라고 생각하면 마음이 한결 편해질 것이다. 보통 한 학기에 한 번 3월 말이나 9월 말에 학교 설명회와 학부모 상담 주간이 있다. 이때 학교 전체 운영 계획과 특색활동 등에 대한 설명을 들을 수 있고 담임 선생님과 자녀에 대해 상담을 할 수 있다. 요즘은 대면 상담과 전화 상담을 구분해서 신청할 수 있는데 신청서에 원하는 날짜와 시간을 표시하면 그 시간에 담임 교사와 면담이나 전화 상담을 할 수 있다. 학기 초 상담 기간에만 꼭 상담이 이루어지는 것은 아니다. 상담이 필요할 때 언제든 요청할 수 있는데 그때 알아두면 좋을 만한 내용을 정리해본다.

담임 교사와의 상담, 미리 준비하면 얻는 것이 더 많다!

상담 의사를 미리 전하고 약속한 시간을 지키도록 한다. 가끔 아무런 예고 없이 갑자기 상담을 요청하는 학부모를 만난다면 교사 입장에서는 난처한 상황일 수 있다. 준비된 상담 자료도 없을 뿐더러 부모의 상담 내용과 관련하여 생각해볼 여유가 없었기 때문에 교사는 아이에 대해 떠오르는 대로 피상적인 이야기를 할 확률이 높다. 학부모가 원하는 정확한 대답이 아닌 아이에 대한 보편적인 생활 모습에 대해서만 이야기할 수밖에 없는 것이다. 아이에게 도움이 되는 올바른 상담을 위해서는 교사에게도 상담을 준비할 시간이 필요하다. 그러므로 상담을 원하는 날 일주일 전쯤에 담임 선생님에게 미리 연락하여 상담 약속 시간을 잡고 간략한 상담 내용에 대한 의사를 전하는 것이 좋다. 약속 시간을 정하는 것은 교사 입장에서는 학부모와의 상담을 준비할 수 있는 시간적 여유를 주어

효과적인 상담을 진행할 수 있는 계기가 되고 학부모 입장에서도 담임 교사와의 넉넉한 상담 시간을 확보할 수 있게 된다.

상담 신청은 전화나 문자로 한다. 요즈음은 대부분의 학부모들이 핸드폰 문자나 전화를 통해 상담을 요청하는데 업무처리 중이나 수업 중에는 회신을 하기 힘든 경우가 많다. 공강 시간이나 학생들이 하교한 후에도 대부분의 학교에서 직원회의나 연수, 방과 후 수업, 교과 협의회 등으로 학교 행사가 많아 바쁠 수 있으므로 이때는 가능한 전화보다는 문자로 상담 의사를 전하는 것이 좋다.

상담 장소는 교실이 적격이다. 필자는 주로 교실에서 학부모와 상담을 한다. 교실은 아이의 학교생활을 간접적으로 파악할 수 있는 상담 자료들이 널려 있는 곳이다. 내 아이가 하루의 절반을 보내고 있는 책상에도 앉아 보고 사물함도 열어보며 아이의 흔적들을 느낄 수 있다. 실제로 책상 위에 붙어 있는 자녀의 이름표를 보고 자리에 앉아도 보고 책상 서랍 속에서 노트 등을 꺼내 보며 미소 짓는 학부모들을 많이 봐왔다. 담임 선생님과의 직접적인 상담을 통해 자녀의 학교생활을 알게 되고 생각지도 못한 사소한 부분들에서 자녀의 학교생활을 느낄 수 있는 기회까지 제공하는 곳이 바로 교실이다. 물론 학부모 입장에서 상담 장소로 교실을 고집할 수는 없으니 담임 교사의 안내를 따라야 하겠다.

담임 교사의 이야기를 열린 마음으로 들어보고 학급경영 철학에 지지를 보내자. 선생님마다 학급경영 방식, 교육철학이 다르기 때문에 담임 교사가 어떤 분인지 파악하는 것이 중요하다. 아이들은 자신의 이야기에 민감해서 엄마, 아빠가 담임 교사와 상담 후 어떻게 반응하느냐에 따라 학교생활 태도가 달라지기도 한다. 간혹 학교에서 반갑지 않은 전화를 받게 되더라도 '선생님이 보실 때는 그럴 수 있겠지, 우리 아이가 집에서와는 달리 학교에서는 그런 면도 있구나.'라고 받아들이는 것이 좋다. 최소한 자녀들 앞에서는 교사와 학교에 대해 긍정적인 이야기를 하는 것이 좋다. 부모님이 학교와 교사에 대해 안 좋은 이야기를 하게 되면 학생들도 무의식적으로 학교에 대해 안 좋은 이미지를 갖게 되어 성적이나 학교생활에도 영향을 끼칠 수 있다. 교사와 학부모가 공조하여 학생에게 하나의 메시지를 전달했을 때 생활지도도 효과가 있다. 기본적으로 교사가 학생들에게 애정을 가지고 해주는 이야기라고 받아들이도록 하자.

미리 무엇을 물어볼지 리스트를 만들어 가는 것이 좋다. 자녀의 학교생활이 궁금해서 상담을 신청하고 면담을 갔는데 막상 선생님 앞에서 무슨 말을 꺼내야 할지 몰라 머뭇거리다 돌아오는 경우도 있을 것이다. 대면 상담도 그렇고 전화 상담의 경우도 자신이 어떤 질문을 하고 어떤 주제로 이야기를 나눌지 미리 생각해두는 것이 좋다. 그렇지 않으면 평소 궁금했던 내용조차 쉽게 물어보지 못하고 어영부영 끝날 수도 있다. 상담 시 '우리 아이 학교생활은 잘하고 있나요?'와 같은 일반적인 질문보다는 내 아이에 대해 특별하게 자세히 알고 싶은 부분에 대한 세부적이고 구체적인 질문을 준비해 가는 것이 좋다. 평소에 궁금했던 내용들을 종이에 기록해서 가져가는 것도 좋은 방법이다. 이때 가장 중요한 것은 질문의 어조와 예의를 갖춘 태도이다. '아' 다르고 '어' 다르다고, 같은 질문이라도 때에 따라서는 잘못 전달되기도 하기 때문이다. 다음은 상담 시 학부모가 자주 묻는 내용들이다.

- 우리 아이가 부족한 부분은 무엇인가요?
- 부족한 부분을 보충하려면 집에서 어떻게 해야 하나요?
- 우리 아이가 학교생활에 특별한 문제는 없나요?
- 친구는 누구랑 주로 어울리나요?
- 괴롭힘을 당하거나 하지는 않나요?
- 성적은 어느 정도인가요?

학교와 가정에서 연계할 수 있는 지도 방법을 물어보자. 내 아이의 단점이나 학업과 행동 발달 면에서 부족한 부분을 개선하고 향상시키기 위해서는 '선생님, 저는 선생님만 믿습니다.' 혹은 '우리 아이의 ~~한 점을 고쳐주세요.' 식으로 담임 교사에게 무조건 의존하기보다는 '우리 아이의 ~~한 점을 고치기 위해서 가정에서 노력할 점은 무엇인가요?', '부모 입장에서 지도할 부분이나 가정에서 힘써야 할 점은 무엇인가요?' 식의 능동적인 질문을 해보자. 아이의 생활지도나 학업 향상을 위해서는 교사의 노력만으로는 역부족이다. 교육이 바르게 나아가려면 학교와 가정이 연계하여 같은 곳을 향해 나아가야 한다. 한 아이를 기르기 위해서는 온 마을이 필요하다는 말도 있지 않은가. 상담을 통해 담임 교사의 교육관을 듣고 지도 방향에 대한 조언을 구한다면 상담의 효과는 배가 될 것이다.

상담을 하다 보면 아이의 교육과 생활지도에 대한 책임을 일방적으로 교사에게 돌리는 학부모보다는 학부모 자신도 자녀교육의 공동 책임자라는 전제하에 이야기를 풀어가는 학부모에게 마음이 가고 더불어 그 아이에게 좀 더 관심을 기울이게 된다. 실제로 학부모가 담임 교사의 철학과 학급경영 방식에 동조를 하고 지지를 하는 경우 아이도 학교생활을 잘하는 것을 볼 수 있는데 어찌 보면 이는 자연스러운 현상이라 하겠다.

3월에 열리는 학부모 면담 기간은 사실 담임 교사도 학생을 파악하기에 조금은 이른 시기이다. 부모님이 먼저 자녀의 특성에 대해 설명해준다면 교사가 학생과의 관계 맺기에 큰 도움이 될 것이다. 자녀의 특성과 함께 중학교 생활에서 우리 자녀가 이런 태도만큼은 길렀으면 좋겠다는 바람을 이야기하는 것도 담임 교사가 학생을 지도하는 데 참고가 될 것이다. 담임 교사가 학생을 지켜보고 파악할 시간이 어느 정도 필요하다. 담임 교사가 아이에 관해 꼭 알고 있어야 할 사항이 있는 경우를 제외하면 최소한 4월 이후 담임 교사와 상담하는 것을 추천한다.

◎ 선경쌤의 중학교 생활 가이드 ◎

상담 의사를 미리 밝히고 미리 무엇을 물어볼지 리스트를 만들어 가는 것이 좋아요. 담임 교사의 이야기를 열린 마음으로 들으면서 학급경영 철학을 파악하고 학교와 가정에서 연계할 수 있는 지도 방안을 물어보도록 해요. 자녀의 즐거운 학교생활을 위해 가정과 학교의 공조가 필요합니다.

5

즐거운 학교생활은 태도가 결정한다

　초등학교 때와는 전혀 다른 분위기의 중학교 입학 후 아이들은 새로운 환경에 적응하느라 정신이 없다.

　학부모도 마찬가지다. 학교생활 전반에 걸쳐 챙겨야 할 일이 많다. 학부모 입장에서 자녀를 중학교에 보내면서 하게 되는 가장 큰 걱정은 무엇일까? 중학교 자녀를 둔 학부모이기도 한 필자의 답변은 바로 학교 적응이다. 왕따 문제가 생기지는 않을까 혹여나 우리 아이도 학교에 가서 다른 아이들에게 괴롭힘을 당하는 것은 아닐까 걱정이 된다. 교사를 엄마로 두게 되면 그 걱정은 더 크다. 학교에서 안 좋은 사례도 많이 보기 때문에 사소한 일에도 상상의 나래를 마음껏 펼치게 되기 때문이다. 필자의 경우도 그랬다. 학부모 상담을 하다 보면 우리 아이가 학교에 잘 적응하고 있는지, 아이들과 갈등은 없는지, 피해를 당하는 일은 없는지를 궁금해하는 분들이 많다. 대부분의 경우 큰 문제없이 학교생활을 하지만 본인 이외에 주변에 너무 관심이 없거나 반대로 주변 상황에 너무 민감하게 반응하는 경우도 친구들 사이에 갈등을 유발할 수 있다. 물론 시간이 지나면서 서로를 이해하게 되면 갈등 상황은 줄어들게 마련이다.

열린 마음과 타인에 대한 배려가 우선,
기본 생활 습관, 학급이나 학교 규칙을 잘 지키는 것이 중요하다!

보통 한 반에서 20명 이상의 친구들이 함께 생활한다. 중요한 것은 모두가 서로 다른 환경에서 살아왔다는 것을 기억하는 것이다. 자신이 당연하다고 생각했던 것이 어떤 친구에게는 섭섭하고 당황스러울 수 있다는 사실을 받아들여야 한다. 그 친구가 그렇게 행동하기까지 어떤 과정을 거쳐 왔는지를 가늠해 볼 수 있다면 대부분의 문제는 해결될 것이다. 대화를 나눌 때는 상대방의 배경지식을 파악하여 상대방이 알기 쉽게 표현하고 상대방의 관심 분야가 아닌 내용을 지나치게 깊이 있게 말하지 않도록 주의한다. 소극적인 친구에게는 직설적이고 상처가 되는 말을 하지 않도록 하고 상대방의 가치관에 반대되는 내용을 강하게 주장하지 않도록 유의한다. 친밀한 관계에서는 함께 공유하고 있는 감정이나 상황을 화제로 삼을 수 있겠지만 친밀하지 않은 관계에서는 주변 상황이나 관심 거리 등을 화제로 삼고 부드러운 분위기를 조성하는 것이 좋다.

공부를 단지 잘한다고 해서 친구들에게 인정을 받는 것은 아니다. 운동을 잘하거나, 친구에 대한 배려심이 많거나 궂은일에 앞장서는 등 친구들에게 인정받는 방법은 다양하다. 기본 생활 습관을 지키고 학급이나 학교 규칙을 잘 지키는 것이 무엇보다 중요하다. 친구들에게 만만하게 보이지 않으려면 주변 정리 정돈을 잘하고 자신이 해야 할 일을 똑 부러지게 해야 한다. 그것만 되면 다른 친구들과 갈등이 생길 일은 없을 것이다. 부모님이나 교사가 해줄 수 있는 것에는 한계가 있다. 중학교 시기는 스스로 자율적으로 자신의 일을 해나가는 것을 배우는 시기이다.

　보통 한 학기에 한 번 반에서 모범 학생을 추천하여 상을 준다. 반 친구들이 쓴 모범 학생 추천 이유를 정리해본 적이 있다. '친구들에게 친절하다. 모르는 것을 물어보면 잘 알려준다. 수업 시간에 집중을 잘하고 공부를 열심히 한다. 친구들을 잘 도와준다. 복도에서 선생님을 만나면 인사를 잘한다. 혐오 표현을 쓰지 않는다. 자신이 맡은 청소구역을 열심히 청소한다.' 학생들도 어떤 행동과 말투가 좋은지 이미 다 알고 있다는 것을 관찰할 수 있다. 교우관계가 좋은 아이는 자기의 잘못을 먼저 인정한다. 친구가 어려운 일이 있으면 나서서 잘 도와준다. 부끄러워하지 않고 친구에게 먼저 다가가 말을 건다. 잘난 체하지 않고 나만의 개인기나 특기를 만든다. 용의 복장에서 항상 청결하고 단정한 모습을 보여준다. 약속을 잘 지키고 친구의 비밀을 잘 지켜서 신뢰를 쌓는다. 등하고 시, 쉬는 시간, 점심시간 중에 친구와 함께 보내는 활동을 만든다. 항상 밝게 웃으면서 친구를 대하고 자신감을 가지고 생활한다. 다른 친구들 앞에서 주위 사람들에게 들은 유머를 이야기한다. 흉보거나 욕하지 않고 친구의 장점을 찾아 칭찬을 많이 해준다. 좋아하는 연예인, 가수, 게임, 뉴스 등에 대한 이야기를 하면서 공감대를 형성한다.

　중학교에서는 등·하교 자체가 하나의 미션이 되기도 한다. 초등학교 때까지는 보통 집 가까이에 있는 학교에 다니지만, 중학교에서는 도보로 다니는 학생들을 찾아보기 힘들다. 버스나 지하철 같은 대중교통을 이용하거나 부모님이 차로 데려다주는 경우가 대부분이다. 대단지 아파트에서는 셔틀을 운행하기도 한다. 예상치 않게 버스가 막히거나 배차 시간을 잘못 맞춰 등교 시간에 못 맞추는 경우가 생기기도 한다. 한두 번이야 실수로 볼 수도 있지만 5분, 10분씩 학교에 늦게 도착하는 것이 습관화되다 보면 학교생활에 지장이 생긴다. 지각하지 않기, 자기가 맡은 청소구역 열심히 청소하기, 책상과 사물함 정리 잘하기 등 기본적으로 지켜야 할 것들만 잘 지켜도 중학교 생활에 잘 적응할 수 있다.

실수했을 때는 인정하고, 열린 마음으로 친구들과 교사를 대하자!

　필자는 학기 초 학생들에게 네 가지 금지어를 제시한다. "얘들아, 선생님 시간에는 다음 단어들은 사용 금지야. '왜요.', '잘 모르겠는데요.', '그냥요.', '하려고 했는데요.' 이런 표현들은 이유가 없는 표현들이지? 상대방이 들었을 때 기분 나쁜 표현들이야. 선생님이 부르는 데는 다 이유가 있을 테니 '왜요?'보다는 '선생님, 왜 부르셨어요?' 또는 '네, 선생님.'이라고 답하면 좋겠어. '잘 모르겠는데요.', '그냥요.'라는 대답은 정말 성의가 없는 표현이지. 자기가 모르면 누가 알지? '하려고 했는데요.'라고 말하기 전에 그냥 그 행동을 하면 되는 거겠지.” 친구들과의 관계도 중요하지만 교사와의 관계를 잘 맺는 것도 중요하다. 교과별 담당 선생님의 성향을 잘 파악하여 해당 시간에 금기시되는 말이나 행동은 하지 않는 것이 좋겠다. 다양한 성격의 사람들을 만나며 경험의 폭을 넓혀간다고 생각하고 열린 마음으로 친구들과 교사를 대하는 것이 중학교 생활에 적응하는 지름길이다.

실수했을 때 인정하는 자세도 중요하다. 같은 실수를 했더라도 '그게 뭐 어때서요? 나만 그런 거 아닌데요. 그냥 장난인데요.'라는 자세로 나오는 것과 자신의 잘못을 인정하는 자세의 학생을 바라보는 시선이 달라질 수밖에 없다. 인간은 누구나 실수를 한다. 실수 그 자체보다는 이후 실수를 반복하지 않는 것이 중요하다. 실수를 인정하고 고쳐나가려는 자세가 필요하다. 성적 향상이나 어떤 성과를 추구하는 것보다 이런 태도가 더 중요하다고 생각한다. 필자가 학생들에게 제시하는 10계명이 있다. 다음과 같은 자세로 학교생활에 임한다면 친구들과 교사에게 사랑받는 학생이 될 거라 믿어 의심치 않는다.

1. 나는 내가 존중받고 싶은 만큼 다른 사람을 존중한다.
2. 나는 나의 의사를 정확하게 표현하고 다른 사람의 이야기에 귀 기울인다.
3. 나는 원칙을 지키고 자기 조절을 한다. 나는 때와 장소를 가려서 행동한다. 나는 시간 관리를 잘한다.

4. 나는 내 행동이 다른 사람에게 영향을 미친다는 것을 알고 필요한 사람이 되도록 한다.

5. 나는 질문하는 것을 두려워하지 않는다. 도전을 즐긴다. 배워서 익힌 것을 실천한다.

6. 나는 성찰을 통해 실수를 인정하고 행동에 대한 책임을 진다. 같은 실수를 되풀이하지 않는다.

7. 나는 따뜻하고 친절하게 행동한다. 웃는 얼굴로 인사하고 예의를 갖춘다. 긍정적으로 행동한다.

8. 나는 사소한 것에도 정성을 다한다. 주변 정리 정돈을 잘한다.

9. 나는 내가 할 수 있는 만큼 주어진 일에 최선을 다한다. 포기하지 않는다.

10. 나는 긍정의 언어를 사용한다.

◎ 선경쌤의 중학교 생활 가이드 ◎

중학교에 잘 적응하기 위해서는 열린 마음, 타인을 배려하는 자세로 자기 일은 스스로 하는 습관을 잡아야 해요. 지각하지 않고, 책상과 사물함 정리를 잘하는 등 기본적인 생활 습관이 잘 갖춰진 모습을 보여야 친구들에게도 인정을 받아요. 실수를 바로 인정하고, 학급이나 학교 규칙을 잘 지키도록 합시다.

6

혹시 몰라 알아두는 학교 폭력 규정

학교 폭력은 예방이 중요하다!

초등학교 다닐 때도 마찬가지긴 하지만 중학교 다니는 자녀를 두고 있다 보니 사소하게 휴대폰 액정이 깨진 경우도 혹시 친구들과 다툼이 일어나서 생긴 일이 아닌가 가슴이 철렁해지고는 한다. 필자와 비슷한 걱정을 하는 부모님이 분명 있으리라 생각한다. 학교 폭력은 사안이 발생하기 전에 예방이 무엇보다 중요하다. 학교에서 정기적인 교육과 학교 폭력 실태 조사를 통해 예방에 힘쓰고 있지만 우리 자녀가 학교 폭력의 가해자나 피해자가 되지 않도록 무엇보다 부모님의 관심도 필요하다. 예전에는 신체적인 폭력이 주를 이루었다면 요즘은 사이버상의 폭력이 더 문제가 되는 경우가 많다. '뭐 이런 게 다 학교 폭력이라고?' 생각할 만한 사안이 있을 수도 있다. 어떤 사안들이 학교 폭력에 해당하는지 기본 정보를 알아두고 자녀들이 이런 문제에 휘말리지 않도록 예방하면 좋을 것 같아 학교 폭력에 대한 정보를 정리해보고자 한다.

학교 폭력 징후는 교사뿐 아니라 보호자도 파악할 수 있다. 학교 폭력 징후를 통해 학교 폭력을 초기에 감지하여 차단할 수 있다. 다만, 어느 한 가지 징후에 해당한다고 해서 학교 폭력의 피해 및 가해 학생으로 특정 지을 수는 없으며, 여러 가지 상황을 고려하여 판단해야 할 것이다. 최근 사이버폭력의 경우 학교 내외에서 시·공간의 제약 없이 발생하기 때문에 세심한 관찰과 관심으로 징후를 파악할 수 있도록 해야 한다.

◇ **피해 학생 징후**

☑ 늦잠을 자고, 몸이 아프다 하며 학교 가기를 꺼린다.

☑ 성적이 갑자기 혹은 서서히 떨어진다.

☑ 안색이 안 좋고 평소보다 기운이 없다.

☑ 학교생활 및 친구 관계에 대한 대화를 시도할 때 예민한 반응을 보인다.

☑ 아프다는 핑계 또는 특별한 사유 없이 조퇴를 하는 횟수가 많아진다.

☑ 갑자기 짜증이 많아지고 가족이나 주변 사람들에게 폭력적인 행동을 한다.

☑ 멍하게 있고, 무엇인가에 집중하지 못한다.

☑ 밖에 나가는 것을 힘들어하고, 집에만 있으려고 한다.

☑ 쉽게 잠에 들지 못하거나 화장실에 자주 간다.

☑ 학교나 학원을 옮기는 것에 대해서 이야기를 꺼낸다.

☑ 용돈을 평소보다 많이 달라고 하거나 스마트폰 요금이 많이 부과된다. 또한 스마트폰을 보는 자녀의 표정이 불편해 보인다.

☑ 갑자기 급식을 먹지 않으려고 한다.

☑ 수련회, 봉사활동 등 단체 활동에 참여하지 않으려고 한다.

☑ 작은 자극에 쉽게 놀란다.

◇ **사이버폭력 피해 징후**

☑ 불안한 기색으로 정보통신기기를 자주 확인하고 민감하게 반응한다.

☑ 단체 채팅방에서 집단에게 혼자만 반복적으로 심리적 공격을 당한다.

☑ 용돈을 많이 요구하거나 온라인 기기의 사용요금이 지나치게 많이 나온다.

☑ 부모가 자신의 정보통신기기를 만지거나 보는 것을 극도로 싫어하고 민감하게 반응한다.

☑ 온라인에 접속한 후, 문자메시지나 메신저를 본 후에 당황하거나 정서적으로 괴로워 보인다.

☑ 사이버상에서 이름보다는 비하성 별명이나 욕으로 호칭되거나 야유나 험담이 많이 올라온다.

☑ SNS의 상태 글귀나 사진 분위기가 갑자기 우울하거나 부정적으로 바뀐다.

☑ 컴퓨터 혹은 정보통신기기를 사용하는 시간이 지나치게 많다.

☑ 잘 모르는 사람들이 자녀의 이야기나 소문을 알고 있다.

☑ 자녀가 SNS 계정을 탈퇴하거나 아이디가 없다.

◇ **가해 학생 징후**

☑ 부모와 대화가 적고, 반항하거나 화를 잘 낸다.

☑ 친구 관계를 중요시하며 귀가 시간이 늦거나 불규칙하다.

☑ 다른 학생을 종종 때리거나, 동물을 괴롭히는 모습을 보인다.

☑ 자신의 문제 행동에 대해서 이유와 핑계가 많고, 과도하게 자존심이 강하다.

☑ 성미가 급하고, 충동적이며 공격적이다.

☑ 자신의 문제 행동에 대해서 이유와 핑계가 많다.

☑ 옷차림이나 과도한 화장, 문신 등 외모를 과장되게 꾸미며 또래 관계에서 위협감을 조성한다.

☑ 폭력과 장난을 구별하지 못하여 갈등 상황에 자주 노출된다.

☑ 평소 욕설 및 친구를 비하하는 표현을 자주 한다.

☑ SNS상에 타인을 비하, 저격하는 발언을 거침없이 게시한다.

학교 폭력 예방을 위해 자녀들에게 사소한 괴롭힘도 폭력임을 알려주도록 하자. 자녀의 학교생활과 친구 관계에 대해 자주 대화를 나누자. "무슨 일이 있으면 꼭 엄마, 아빠한테 얘기해. 우리는 항상 네 편이란다." 라고 수시로 이야기해주는 것이 좋다. 학교 폭력을 목격하거나 사실을 알았을 때 선생님이나 부모님에게 꼭 이야기하도록 한다.

　학교 폭력 예방을 위해 자녀들에게 자기 조절법을 안내해주도록 하자. 학교 폭력을 '당하지 않도록' 하는 자기 조절법은 다음과 같다. 친구와 사이좋게 지내고, 단체 활동에 적극적으로 참여한다. 폭력 발생 시 신고할 수 있는 전화번호 등을 반드시 알고 있도록 한다. 비싼 물건은 가지고 다니지 않도록 하고, 소지품이나 돈을 자랑하지 않는다. 가벼운 놀림이나 조롱에 대해서 '싫다'는 의사를 단호하게 표현한다. 자신을 방어할 수 있는 호신술을 익히거나 호루라기 등 호신용 도구를 지니고 다닌다. 외출 시에는 가족에게 만나는 사람과 장소, 목적, 귀가 시간을 사전에 알리도록 한다.

　학교 폭력을 '하지 않도록' 하는 자기 조절법은 다음과 같다. 입장을 바꾸어 생각해보도록 한다. 단순한 장난이라도 상대방은 괴로워할 수 있으며, 나도 다른 사람에게서 폭력으로 괴로움을 당할 수 있다는 점을 인지시킨다. 화가 날 때는 감정을 조절하는 습관을 가지도록 한다. 그 자리를 피하거나 하던 말이나 행동을 멈추어보게 한다. 화를 가라앉히기 위해 심호흡을 여러 번 크게 해보게 한다. 화가 난 이유에 대해서 생각해보고, 상대방에게 천천히 이야기하게 한다. 친구와 다툴 경우 대화로 해결하고 친구들이 싸우는 곳에는 가지 않도록 한다.

학교 내·외에서 학생을 대상으로 발생한 상해, 폭행, 감금, 협박, 약취·유인, 명예훼손·모욕, 공갈, 강요·강제적인 심부름 및 성폭력, 따돌림, 사이버 따돌림, 정보통신망을 이용한 음란·폭력 정보 등에 의해 신체·정신 또는 재산상의 피해를 수반하는 모든 행위를 학교 폭력으로 정의한다. '따돌림'이란 학교 내외에서 2명 이상의 학생들이 특정인이나 특정 집단의 학생들을 대상으로 지속적이거나 반복적으로 신체적 또는 심리적 공격을 가하여 상대방이 고통을 느끼도록 하는 모든 행위를 말한다. '사이버 따돌림'이란 인터넷, 휴대전화 등 정보통신기기를 이용하여 학생들이 특정 학생들을 대상으로 지속적, 반복적으로 심리적 공격을 가하거나, 특정 학생과 관련된 개인정보 또는 허위사실을 유포하여 상대방이 고통을 느끼도록 하는 모든 행위를 말한다.

사소한 괴롭힘, 학생들이 장난이라고 여기는 행위도 학교 폭력이 될 수 있음을 인식할 수 있도록 분명하게 가르쳐야 한다. 학교 폭력 신고는 '고자질'이 아니라 정의를 실천하는 것이라는 사실을 강조하도록 한다. 「학교 폭력예방법」의 학교 폭력은 '학교 내·외에서 학생을 대상으로 하는 폭력'이므로, 가해자가 학생이 아닌 경우에도 필요 시 피해 학생에 대해 보호조치를 할 수 있다. 왜 학생들은 신고하지 않을까? 첫째, 보복이 두려워서이다. 학생들은 자신의 신고 사실을 가해 학생과 그 친구들이 알게 되면 보복을 당할 수도 있다는 두려움을 가지고 있다. 신고자를 절대 노출하지 않아야 하며, 가해 학생이 물어도 끝까지 이야기해서는 안 된다. 둘째, 신고를 해도 교사나 부모들이 학교 폭력 사실을 심각하게 받아들이지 않고, 제대로 대처해주지 못할 것이라고 생각하기 때문이다. 비밀보장에 대해 학생들에게 꼭 알려주어야 한다. 피해 학생이나 사안을 인지 · 목격한 학생이 신고했을 때, 어른들이 꼭 비밀보장을 할 것이며, 최선을 다해서 적절한 대처를 해주겠다는 것을 인식시켜야 한다.

학교 폭력의 유형과 유형별 대처 방법을 알아보자.

유형	예시 상황	대응 방법
신체 폭력	■ 신체를 손, 발로 때리는 등 고통을 가하는 행위(상해, 폭행) ■ 일정한 장소에서 쉽게 나오지 못하도록 하는 행위(감금) ■ 강제(폭행, 협박)로 일정한 장소로 데리고 가는 행위(약취) ■ 상대방을 속이거나 유혹해서 일정한 장소로 데리고 가는 행위(유인) ■ 장난을 빙자한 꼬집기, 때리기, 힘껏 밀치기 등 상대학생이 폭력으로 인식하는 행위	－ 신체폭력을 시사하는 신체 접촉이 있을 때에는 "싫다", "그만해라", "경고한다" 등의 짧은 경고를 표한다. － 그 후에도 지속된다면 단호하고 확실한 태도로 부정적인 의사표현을 강하게 취하는 것이 필요하다.
언어 폭력	■ 여러 사람 앞에서 상대방의 명예를 훼손하는 구체적인 말(성격, 능력, 배경 등)을 하거나 그런 내용의 글을 인터넷, SNS 등으로 퍼뜨리는 행위(명예훼손). ※ 내용이 진실이라고 하더라도 범죄이고, 허위인 경우에는 형법상 가중 처벌 대상이 됨. ■ 여러 사람 앞에서 모욕적인 용어(생김새에 대한 놀림, 병신, 바보 등 상대방을 비하하는 내용)를 지속적으로 말하거나 그런 내용의 글을 인터넷, SNS등으로 퍼뜨리는 행위(모욕) ■ 신체 등에 해를 끼칠 듯한 언행("죽을래" 등)과 문자메시지 등으로 겁을 주는 행위(협박)	－ 언어폭력은 상대방의 명예를 훼손하는 구체적인 말을 하거나 인터넷, SNS, 문자메시지 등으로 퍼뜨리는 행위이므로 증거를 확보해 놓는다. － 핸드폰 문자로 욕설이나 협박성 문자가 오면 어떠한 응답도 하지 않도록 한다. － 인터넷상에서 게시판이나 안티카페 등에서 공개적인 비방 및 욕설의 내용은 그 자체로 저장해두도록 한다. － 필요한 경우 전문상담사에게 상담 받도록 한다.

금품 갈취 (공갈)	▪ 돌려줄 생각이 없으면서 돈을 요구 하는 행위 ▪ 옷, 문구류 등을 빌린다며 되돌려 주지 않는 행위 ▪ 일부러 물품을 망가뜨리는 행위 ▪ 돈을 걷어오라고 하는 행위	− 아무리 적은 금액이라도 다른 사람 에게 돈을 빼앗길 경우 반드시 담 임 교사에게 사실을 알려 피해가 커지지 않도록 한다.
강요	▪ 속칭 빵 셔틀, 와이파이 셔틀, 과제 대행, 게임 대행, 심부름 강요 등 의사에 반하는 행동을 강요하는 행 위(강제적 심부름) ▪ 폭행 또는 협박으로 상대방의 권리 행사를 방해하거나 해야 할 의무가 없는 일을 하게 하는 행위(강요)	− 강요 등은 폭력 서클과 연계하여 일어날 수 있으므로 즉시 신고하도 록 평소에 지도한다. • 다음과 같은 행동 변화가 있을 경우 학교생활에 어려움은 없는지 자녀와 대화를 해보자. − 친구를 대신하여 심부름을 한다. − 친구를 대신하여 과제를 하거나 책 가방을 들어준다. − 친구에게 음식물을 제공하고 옷 등 을 빌려준다. − 피해 사실이 확인될 경우 당분간 보호자가 등 · 하굣길에 동행한다.
따돌림	▪ 집단적 · 의도적 · 반복적으로 상대 방을 피하는 행위 ▪ 싫어하는 말로 바보 취급 등 놀리 기, 빈정거림, 면박주기, 겁주는 행 동, 골탕 먹이기, 비웃기 ▪ 다른 학생들과 어울리지 못하도록 막는 행위	− 자녀가 따돌림 당한 이야기를 할 때 진지한 태도로 수용하고 지지한 다. − 대화를 통해 자녀의 생활에 관심을 가지고 새로운 변화를 시도해본다. − 자녀의 따돌림에 대해 부모가 절망 하거나 힘든 내색을 보이지 않는 다. − 육하원칙에 입각하여 자녀의 피해 내용을 확인한 후, 담임 교사와 상 담한다. − 피해 사실을 급하게 노출하거나 가 해자에게 보복하려고 하면 더 심한 따돌림을 받을 수 있으므로 주의한 다. − 정신적 피해가 심한 경우, 집에서 휴식을 취하거나, 병원 또는 상담 센터에서 상담을 받도록 한다.

성폭력	■ 폭행·협박을 하여 성행위를 강제하거나 유사 성행위, 성기에 이물질을 삽입하는 등의 행위 ■ 상대방에게 폭행과 협박을 하면서 성적 모멸감을 느끼도록 신체적 접촉을 하는 행위 ■ 성적인 말과 행동을 함으로써 상대방이 성적 굴욕감, 수치감을 느끼도록 하는 행위 [부록] 성폭력 사안처리 가이드(105쪽 참조)	− 성범죄의 발생 사실을 알게 된 때에는 즉시 수사기관(112, 117)에 신고하여야 한다. ※ 117 학교 폭력 신고센터에 신고할 때에는 신고 의사를 명확하게 밝혀야 한다. − 성폭력에 관하여는 피해학생의 프라이버시가 특별히 보호되어야 한다. 따라서 학교장 및 관련 교원을 제외하고는 이와 관련된 사실을 알지 못하도록 철저하게 비밀을 보호하여 2차 피해를 방지한다. − 피해를 입은 경우 씻어내는 등 증거가 소멸되지 않도록 주의하여 가능한 빨리 의료기관에 이송한다. − 피해학생의 정신적 피해가 심한 경우, 관련 상담센터에서 상담을 받도록 한다.
사이버 폭력	■ 속칭 사이버모욕, 사이버명예훼손, 사이버성희롱, 사이버스토킹, 사이버음란물 유통, 대화명 테러, 인증놀이, 게임부주 강요 등 정보통신기기를 이용하여 괴롭히는 행위 ■ 특정인에 대해 모욕적 언사나 욕설 등을 인터넷 게시판, 채팅, 카페 등에 올리는 행위, 특정인에 대한 저격 글이 그 한 형태임 ■ 특정인에 대한 허위 글이나 개인의 사생활에 관한 사실을 인터넷, SNS 등을 통해 불특정 다수에 공개하는 행위 ■ 성적 수치심을 주거나, 위협하는 내용, 조롱하는 글, 그림, 동영상 등을 정보통신망을 통해 유포하는 행위 ■ 공포심이나 불안감을 유발하는 문자, 음향, 영상 등을 휴대폰 등 정보통신망을 통해 반복적으로 보내는 행위	− 핸드폰 문자로 욕설이나 협박성 문자가 오면 어떠한 응답도 하지 않도록 지도한다. − 인터넷의 게시판이나 안티카페 등에서 공개적인 비방 및 욕설의 내용은 그 자체로 저장하도록 지도한다. − 모든 자료는 증거 확보를 위해 저장하도록 안내한다. − 불특정 다수에게 공개되는 사이버폭력으로 인한 피해학생은 명예훼손, 모함, 비방 등을 당하여 심각한 정신적 피해를 입을 수 있다. 그러므로 피해를 받았을 경우 상담교사나 상담센터와 연계하여 상담을 받도록 한다.

자녀에게 학교폭력 이슈가 있다면
이렇게 도와주자!

　자녀가 학교 폭력을 당했을 때 다음과 같이 도와주도록 한다. 자녀에게 심리적으로 안정감을 주며 차분히 대화한다. 자녀의 말에 공감과 지지를 표현해준다. 자녀가 말하는 학교 폭력 사실에 대해 경청하며 아이가 원하는 것을 파악한다. 학교 폭력 사실을 숨기거나 혼자 해결하려고 하지 말고, 117이나 학교에 신고한다. 담임 교사나 학교전담경찰관에게 도움을 요청한다. 피해, 가해 상황을 구체적으로 정리하여 사안 처리를 요청한다. 학교 폭력 사건에 대한 증거자료를 확보한다. 사안 처리 과정에서 학교나 상대방에게 감정적으로 대응하지 않는다. 확인되지 않은 학교 폭력 사안에 대해서 확대하거나 유포하지 않는다. 학교 폭력 사안 처리 과정에서 최종 목표는 자녀가 안전하게 학교로 복귀하는 것임을 잊지 않는다.

　피해 학생 부모님은 부끄러워하거나 아이를 탓하지 않는다. 아이 앞에서 힘든 내색을 하지 않는다. 보복하거나 피하지 않게 하고 교문 앞에서 자녀를 기다려준다. "절대 네가 잘못한 게 아니야."라고 이야기해주고 문자, 이메일, 음성녹음, 상해진단서 등을 확보하도록 한다. 담임 선생님과 학교에 피해사실을 꼭 알리도록 한다. 가해 학생 부모님은 자녀의 잘못을 부인하지 말고 인정해야 하고 자녀의 잘못에 대해 진심으로 사과를 해야 한다. 피해 학생이나 주변 상황을 탓하지 말고 아이의 친구와 선생님에게 정확한 경위를 확인하도록 한다. 아이의 학교생활에 관심을 가지고 지켜보고 전문가 상담, 봉사활동 등을 통해 자녀의 성장의 기회로 삼아야 한다.

예방이 중요하다고는 하지만 일단 학교 폭력 사안이 발생했을 때는 머뭇거리지 말고 신고를 하고 원만하게 해결을 해야 하겠다. 학교 폭력 신고 방법은 다음과 같다. 교내에서는 구두, 신고함, 설문조사, 이메일, 홈페이지, 휴대전화 등으로 신고할 수 있다. 피해학생, 목격학생, 보호자 등이 직접 교사에게 말하는 경우, 교내에 설치되어 있는 신고함을 이용하는 경우, 정기적으로 학교에서 실시되는 설문지에 응답하는 경우, 담임 교사의 메일, 책임교사의 메일, 학교명의 메일 등으로 접수하는 경우, 학교 홈페이지의 비밀 게시판 등을 활용하는 경우, 전담기구 소속교사(교감, 책임교사, 보건교사, 상담교사)의 휴대전화, 담임 교사의 휴대전화, 학교 공동 휴대전화(학교 명의의 휴대전화)의 문자, 음성녹음, 통화 등으로 접수하는 방법이 있다.

교외 신고방법은 다음과 같다. 학교 폭력신고센터(24시간 상담, 신고, 도움) 국번 없이 117로 전화하여 상담 받거나 신고할 수 있다. 학교 폭력 및 사이버폭력 등 긴급 상황 발생 시 긴급범죄 신고를 112경찰청에 할 수 있다. 사이버범죄 신고시스템(ecrm.cyber.go.kr). #0117로 휴대전화 문자로 신고를 할 수 있다. 해당 학교의 담당 학교전담경찰관에게 문자 또는 전화로 신고할 수 있다. 안전 Dream(www.safe182.go.kr) 사이트에 접속하여 '신고상담-학교 폭력' 탭을 클릭하여 신고할 수 있다. 도란도란 학교 폭력 누리집(http://www.dorandoran.go.kr), 학교 폭력 SOS 지원

단(1588-9128), 여성 긴급 전화(1366)도 이용할 수 있다. 학교 폭력 관련 상담 창구도 활용 가능하다. 각 학교 Wee클래스와 교육청 Wee센터에서 상담 신청할 수 있고, 온라인·모바일 상담으로 네이버 상담 컨설턴트, 다음 카카오톡 상다미쌤, 117chat, Wee온라인 상담 서비스를 이용할 수 있다.

참고자료: 자녀교육 가이드북(2023), 학교 폭력 사안처리 가이드북(2023)

◎ 선경쌤의 중학교 생활 가이드 ◎

학교 폭력은 예방이 우선입니다. 사소한 괴롭힘, 학생들이 장난이라고 여기는 행위도 학교 폭력이 될 수 있음을 분명하게 인식시켜야 합니다. 우리 자녀가 학교 폭력 가해나 피해에 해당하지 않는지 평소 잘 관찰하고 살펴서 징후가 발견될 경우 바로 신고하고 조치를 취하도록 합니다.

<h1 style="text-align:center">7</h1>

<h1 style="text-align:center">예비 중학생을 위한 겨울방학 팁</h1>

초등학교 6학년 겨울방학을 어떻게 보낼지 관심이 많을 것이다. 교사 입장에서 교사의 생각을 이야기하는 것도 좋겠지만 선배가 전해주는 이야기가 더 실질적일 것 같아 『중등 학급경영』에 수록되어 있는 후배들에게 전하는 선배 김아윤 학생의 이야기를 들려주려고 한다.

선배가 들려주는 중학교 입학 전 준비사항
중학교 교육과정은 초등학교 과정의 연장이에요!

학교에 어느 정도 적응했다는 1~2학년 재학생들에게도 중학교 생활은 늘 어렵습니다. 그러니 초등학교 졸업을 앞둔 6학년 학생들이 중학교 생활을 걱정하는 것은 어쩌면 당연한 일입니다. 모든 생활이 그렇듯 중학교 생활도 매일 다른 문제가 튀어나와 심적 부담을 느끼게 하죠. 하지만 아무리 어려운 문제라도 푸는 방식이 존재하듯, 적절한 방법을 알게 된다면 중학교 생활 역시 슬기롭고 알차게 해낼 수 있을 것입니다. 후배 여러분의 중학교 생활이 저보다 더 아름다웠으면 하는 마음에 부족하지만 몇 가지 팁을 공유하려고 합니다.

중학교 공부는 어렵지 않을까, 학교생활은 잘할 수 있을까 하는 걱정이 많을 겁니다. 하지만 여러분이 생각하고 걱정하는 것만큼 어렵지는 않아요. 중학교 학습 내용이 초등학교에 비해 더 많고 어려운 것이 사실이지만 중학교 교육과정은 여러분이 밟아 왔던 초등학교 과정의 연장입니다. 그 흐름을 갑자기 벗어나지는 않아요. 특히 국어, 사회, 역사는 같은 개념과 내용이 나오는 경우가 많습니다. 또 과학, 수학은 새로운 개념을 이해하고 활용하는 과정에 초등학교 때 배운 내용이 많이 사용됩니다. 그래서 지금 더 깊은 이해와 다른 과목 공부를 위한 시간 확보를 목적으로 선행을 고민하고 있다면, 또 선행의 효과를 더 크게 하기 위해서라도 이제까지 배운 것들을 복습하는 것이 좋겠습니다. 저는 수학 1학기, 영어 단어 외우기 외에는 선행을 하지 않았지만 입학 전 4주 동안 열심히 복습을 한 덕분에 뒤처지지 않을 수 있었다고 믿습니다.

초등학교 과정을 확실히 하는 데 초점을 맞춰주세요!

이제 초등 과정 복습과 중학 과정 선행에 관한 팁을 정리합니다.
1. 중학교 과정 선행도 물론 중요하지만 일단은 초등학교 과정을 확실

히 하는 데 초점을 맞춰주세요!

2. 초등 과정 복습은 입학 후 바로 실시하는 진단고사에서 전 과목 만점을 받겠다는 당찬 포부를 가지고 6학년 과정 국어, 수학, 사회, 과학, 영어 5권의 교과서를 꼼꼼히 읽고 말로 설명해보세요! 저는 4주 동안 5권의 교과서를 각각 5번 정독하고, 소리 내어 설명하면서 2번 더 읽었어요.

3. 선행을 고민 중이라면 수학은 1학년 1학기~2학기 정도까지, 영어는 중학교 1학년~고등학교 1학년 단어 암기와 매일 지문 독해를 하면 좋을 것 같아요.

4. 영어 듣기는 중학교 1학년 과정부터 매일 하다 보면 잘 들리는 순간이 와서 단계별로 가지 않고 더 높은 수준의 듣기도 할 수 있게 될 거예요!

5. 중학교 입학 전 방학이나 입학 후 1년(자유학년제)은 비교적 시간이 많은 시기이니 책을 조금이라도 읽으세요! 독서량의 차이가 당장은 큰 영향이 없는 듯 보이지만 학년이 올라갈수록 배경지식이나 독해력 면에서 큰 차이로 나타나요.

6. 학습 플래너를 작성하면서 공부하는 연습을 해보세요! 초등학교에서 시험을 치지 않다가 자유학년제까지 거치면서 시험을 어떻게 준비해야 할지 감을 못 잡는 경우가 생겨요. 그래서 짧은 시간이라도 집중하며 앉아 있는 연습을 하면 좋을 것 같아요.

7. 서술형 평가가 확대되고 있어서 자신의 생각을 정리해서 글로 표현하는 것을 연습해야 합니다. 서술형 시험은 내용 못지않게 필체도

중요해요. 정해진 시간 내에 바른 글씨로 쓸 수 있도록 글씨 연습도 해보세요!

8. 학교마다 다르지만 제가 다니는 학교는 자유학년제 기간 동안 PPT 활용 발표가 많았어요. PPT를 만드는 간단한 과정을 알고 있으면 큰 도움이 돼요. 그리고 앱을 통해 영상을 제작하는 과제도 가끔 있기 때문에 짧은 영상이라도 만들어보면 좋겠어요. 자신의 이메일 주소를 만드세요! 모둠 과제 수행이나 과제 제출 시에 자주 사용하기 때문에 꼭 필요합니다. 그리고 구글, 네이버 둘 다 만드는 것이 좋을 것 같아요.

자기 주도적 학습 능력을 길러줘야 해요!

선배가 후배에게 들려주는 이야기에 공감했을 것이다. 중요한 것은 알지만 흥미가 생기지 않아서 고민인 것 중의 하나가 '공부'이다. 공부를 하고 싶게 만드는 가장 좋은 방법은 자녀가 스스로 결정하고 실행에 옮길 수 있도록 자녀의 타고난 자율성에 대한 욕구를 최대한 충족시켜주는 것이다. 우리 자녀의 자기 주도적 학습 능력을 길러주기 위해 다음 사항을 기억하자.

첫째, 자존감 형성이 중요하다. 자존감이란 자신이 무언가를 할 수 있는 능력이 있다는 믿음을 갖고 스스로를 사랑하고 존중하는 마음이다. 자녀에게 "너는 항상 착해야 하고 남을 배려해야 하고 공부를 열심히 해야 해."라고만 말하지 말자. 늘 자녀 곁에 있어 주는 것, 따뜻한 시선으로 바라보는 것, 끝까지 믿는 것, 이것이 내 자녀의 자존감을 기르는 가장 지혜로운 방법이다. 끊임없이 자녀의 행동을 간섭하기보다는 가능한 한 자녀 스스로 몰입할 거리를 찾도록 놔두고, 몰입하고 있을 때는 방해하지 않도록 한다. 몰입을 경험한 자녀는 그런 행복감을 또다시 맛보기 위해 스스로 몰입의 기회와 목표를 찾게 된다. 톨스토이가 남긴 다음의 교훈을 명심하자. "자녀교육의 핵심은 지식을 넓히는 것이 아니라, 자존감을 높이는 데 있다." 둘째, 자율성을 키워야 한다. 예를 들어, 하기 싫은 과제를 해야 하는 이유를 설명한다. 그 과제를 하지 않으면 일어날 수 있는 일을 예상해보도록 한다. 과제를 하기 싫은 자녀의 마음을 인정한다. 자기 마음을 공감 받은 자녀는 부모의 마음에도 공감해줄 가능성이 크다. 명령이나 통제가 아닌 권유와 선택을 하도록 한다. 자녀가 스스로 선택하여 결정할 수 있도록 인내를 가지고 기다려준다. 셋째, 부모와 함께 한다. 부모가 먼저 하고 함께 한다. 부모는 자녀들에게 가장 큰 영향을 미치는 환경이다. 책을 읽게 하고 싶다면 부모가 먼저 읽고, 공부하게 하고 싶다면 부모 먼저 공부하는 모습을 보이도록 한다. 하루, 한 주, 한 달, 일 년 단위의 목표를 세우고 가족과 공유한다. 목표를 세워야 달성하려는 의지를 강화할 수 있다. 가족 모두가 목표와 방향에 대해 알면 좀 더 빠르고 효율적으로 목표를 달성할 수 있다. 넷째, 자투리 시간을 이용해 공부하는 습관을 기르도록 한다. 쉬는 시간, 등교 시간, 차에서 이동하는 시간 등 자투리 시간을 이용하면 지루하게 책상에 앉아 공부하지 않아도 된다. 다섯째, TV, 휴대폰, 게임기를 가까이하지 않는다. 대신 책을 쌓아두고, 심심한 시간을 가질 수 있도록 한다. 심심한 자녀는 스스로 무언가를 하고 싶은 마음이 생길 것이다.

초등학교 6학년 겨울방학 선행보다는 초등학교에서 이제까지 배운 것들을 복습하는 것이 우선입니다. 책을 많이 읽고 학습 플래너를 작성하는 습관을 잡는 것이 중요합니다. 무엇보다도 자기 주도적 학습능력을 기르는 것이 중요해요.

A Guide for Middle School Students

제2장

중학교
내신 성적을
잡아라!

1

중학교 내신 성적 기본원리, 이 정도는 알아둬야죠

　한국인이 가장 많이 하는 후회는 무엇일까? 10대에서 70대까지 '내 인생에서 후회되는 일' 순위를 보고 크게 공감한 적이 있다. 남녀별로 10대부터 70대까지 가장 후회되는 일을 1위에서 5위까지 정리한 자료가 기사에 공개되었는데, 남녀 불문하고 10대에서 40대까지 '가장 많이 하는 후회' 1위는 '공부 좀 할걸'인 것으로 나타났다. 남성의 경우 50대에서도 가장 많이 하는 후회 1위로 공부를 열심히 하지 못한 것을 꼽았다.

　『10대 꿈을 위해 공부에 미쳐라』, 『20대, 공부에 미쳐라』, 『30대, 다시 공부에 미쳐라』 등 수많은 공부에 관한 책이 쏟아지는 것을 보면 한국 사람들이 얼마나 공부에 대한 미련이 많은지 알 수 있다.

중학교 내신 성적 향상 비법,

수업 시간에 집중해서 잘 듣고 매일매일 복습하라!

아무래도 중학교 자녀를 둔 부모들의 가장 큰 관심사도 성적일 것이다. 중학교에서 내신 성적을 잘 받으려면 어떻게 하면 될까? 한마디로 요약하자면, 수업 시간에 집중해서 잘 듣고 매일매일 복습하면 된다. 수업 시간에 집중해야 하는 이유는 무엇일까? 각 과목 선생님이 중간, 기말고사 문제를 출제하기 때문에 선생님이 강조하는 부분에서 문제가 출제되는 것은 당연하다. 수업 시간에 선생님이 중요하다고 강조한 부분을 표시해두어야 나중에 공부할 때 어느 부분 위주로 공부를 해야 할지 파악이 된다. 인간은 망각의 동물이라고 한다. 아무리 머리 좋은 사람이라도 모든 걸 다 기억할 수는 없다. 그날 배운 내용을 그날 안에 한 번 더 보는 것이 중요하다. 복습하기에 대해서는 다음 장에서 좀 더 자세하게 설명하겠다.

정기고사의 경우 한 학기에 지필평가는 학기별로 중간 또는 기말고사와 같이 일제식 정기고사로 실시하며, 교과 수업시간에 수시로 수행평가가 실시된다. 1학기 중간고사는 보통 4월 말에서 5월 초, 기말고사는 6월 말에서 7월 초에 이루어지고 2학기 중간고사는 9월 말에서 10월 초, 기말고사는 11월(3학년), 12월(2학년)에 실시된다. 전국단위 영어듣기평가는 4월 초와 9월 초에 이루어진다. 중간·기말고사 평가 과목은 학교마다 다르며 학교 홈페이지 및 가정통신문을 통해 확인할 수 있다.

한 가지 명심할 것은, 부모 세대와는 달리 요즘은 중간고사, 기말고사 성적만으로 내신 성적을 내는 것이 아니라는 사실이다. 전체 평가에서 수행평가가 차지하는 비중이 높다. 영어 과목의 예를 들자면, 듣기, 말하기, 쓰기 등의 수행평가를 한다. 수행평가만으로 성적을 산출하는 과목도 있을 만큼 평가에서 비중이 크다. 수행평가 비율이 적게는 40%에서 많게는 100%를 차지한다. 수행평가는 토론, 발표, 과제 등 단순한 지식을 물어보기보다는 수업 내용을 얼마나 제대로 이해하고 있는지, 얼마나 성실히 수업 활동에 참여했는지 등 그 과정을 평가한다. 한마디로 결과보다는 과정을 중요시하는 평가이다. 상당수 학생들이 평가 날짜를 코앞에 두고 준비해 지필평가에서 높은 성적을 받았더라도 수행평가 점수가 좋지 않아 성적이 낮게 나오거나 등수가 바뀌는 경우가 종종 있다. 수행평가의 유형에는 수업 태도 평가, 찬반 토론하기, 실험, 실습, 독후감/에세이 쓰기, 전시회 감상문, 연구 보고서, 포트폴리오, 서술형 검사, 논술형 검사, 구술시험, 실기시험, 면접시험, 쪽지시험 등이 있다.

평가 영역	중간고사	기말고사	자기 주도 포트폴리오	듣기	공유 물건 홍보하기	공유 물건 홍보 글쓰기
반영 비율	20%	40%	10%	10%	10%	10%

수행평가 반영 비율 예시

'수우미양가'가 아니라,
성취율에 따라 A-B-C-D-E로 성취도를 부여한다!

시험 성적은 성취평가제를 채택하고 있어 90점 이상이면 A에 해당한다. '성취평가제'란 누가 더 잘했는지를 비교하는 것이 아니라 '무엇을 어느 정도 성취했는지'를 평가하는 제도를 말한다. 기존의 상대평가가 지닌 한계를 극복하기 위한 방안으로, 학생의 성취 정도에 대한 구체적인 정보를 제공하여 성취 수준에 적합한 다양한 학습이 가능하도록 하여 학생의 학습 능력을 향상하고 학생 간 무한 경쟁을 피하기 위한 새로운 평가 제도이다. 성취평가제는 국가 교육과정에 근거하여 개발된 교과목별 성취 기준과 성취 수준에 따라 학생의 학업 성취 수준을 평가하고 A−B−C−D−E로 성취도를 부여하는 것이다. 학생의 학업 성취 수준은 과목별로 성취해야 할 목표에 비추어 도달 정도에 따라 다음과 같이 기록한다.

교과별 성취 기준			
성취도	정의	성취율(원점수)	
		일반교과	체육 · 미술 · 음악 교과
A	내용영역에 대한 지식습득과 이해가 매우 우수한 수준이며, 새로운 상황에 일반화할 수 있음.	90% 이상 ~100% 이하	80% 이상 ~100% 이하
B	내용영역에 대한 지식습득과 이해가 우수한 수준이며, 새로운 상황에 대부분 일반화할 수 있음.	80% 이상 ~90% 미만	60% 이상 ~80% 미만
C	내용영역에 대한 지식습득과 이해가 만족할 만한 수준이며, 새로운 상황에 어느 정도 일반화할 수 있음.	70% 이상 ~80% 미만	60% 미만
D	내용영역에 대한 지식습득과 이해가 다소 미흡한 수준이며, 새로운 상황에 제한적으로 일반화할 수 있음.	60% 이상 ~70% 미만	
E	내용영역에 대한 지식습득과 이해가 미흡한 수준이며, 새로운 상황에 거의 일반화할 수 없음.	60% 미만	

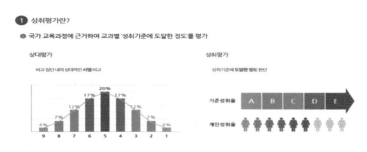

상대평가와 성취평가 비교(출처: 한국교육과정평가원)

중학교 생활기록부 기재 방식도 예전과 달라졌다. 학부모들이 학교에서 성적표를 받고도 우리 아이 성적이 어느 정도인지 해독을 못 하는 경우가 종종 있는데 성취평가제에 대한 이해가 있다면 자녀의 학업성취도가 어느 정도인지 파악이 될 것이다. 쉽게 이야기하자면 모든 과목에서 A등급을 받으면 성적이 좋은 것이고 E가 많으면 성취도가 낮은 것이다. 자녀의 성취도가 어느 정도인지 파악하여 부족한 부문을 보완하도록 도와주는 것이 중요하겠다. 중학교 내신 성적은 과목별 평균이 아니라 각 과목별 석차의 합으로 산출한다는 사실도 기억하자. 영어, 수학 똑같이 90점을 받았다고 해도 과목별 석차는 달라질 수 있다는 이야기다. 영어는 난이도가 쉬워서 90점 이상 받은 학생들이 50명 이상이라면 내 자녀의 영어 석차는 50등을 넘어서게 되는 것이다. 반대로 수학은 시험이 어려워서 90점 이상 받은 학생이 한 명도 없었다면 내 자녀의 수학 석차는 1등이 되는 것이다. 영어, 수학 점수가 높다고 원점수에 곱하기를 해주는 것도 아니다. 중학교에서 배우는 어떤 과목이라도 100점을 받아서 과목별 석차를 올리는 것이 핵심이다.

〈중학교 생활기록부 기재 방식의 변화〉

과목	성취도	석차(동석차 수)/ 수강자 수
국어	수	4(15) / 406

↓

과목	성취도(수강자 수)	원 점수/ 과목평균(표준편차)
국어	A(406)	97 / 75.2(11.8)

〈중학교 성적통지표 양식의 예〉

과목	평가 구분	고사 /영역명	만점	받은점수	합계	성취도 (수강자수)	원점수/과목평 균(표준편차)
영어	지필	중간고사(20%)	100.00	100.00	98.50	A(233)	99/69.1(21.0)
	지필	기말고사(30%)	100.00	96.00			
	수행	쓰기(20%)	100.00	97.50			
	수행	말하기(10%)	100.00	100.00			
	수행	듣기(10%)	100.00	100.00			
	수행	프로젝트(10%)	100.00	100.00			

- 원점수: 한 학기 동안 실시된 지필평가(중간, 기말)와 수행평가 점수 각각의 반영 비율을 고려해 합산한 점수를 소수 첫째 자리에서 반올림한 값.
- 과목평균: 해당 과목을 수강한 학생들의 원점수를 모두 합하여 수강 학생 수로 나눈 값으로, 그 과목을 수강한 학생들 전체의 점수(성취도)를 요약해주는 값.

- 표준편차: 학생들의 점수가 얼마나 흩어져 있는가를 나타내는 값. 표준편차가 작을수록 학생들의 점수가 평균 근처에 몰려 있고 표준편차가 클수록 학생들의 점수가 평균으로부터 멀리 흩어져 있음을 의미.

'옆 반과 공부 내용이 다르다, 선생님께서 잘못 가르치시는 건 아닌가?'라는 의문을 제기하는 학부모들도 있는데 학습활동은 성취기준을 중심으로 각 반 학생들의 수준과 흥미를 반영하여 재구성하기 때문에 학습활동 내용과 자료는 달라질 수 있다는 사실을 기억하자. 왜 교과서 순서대로 공부하지 않고 교과서 내용을 다루지 않느냐고 민원을 제기하는 학부모도 만난 적이 있다. 교과서는 성취기준 도달을 위한 하나의 자료일 뿐이다. 효율적인 목표 달성을 위하여 교과서를 사용할 수도 있고, 더 좋은 자료를 활용할 수도 있다. 교과서의 학습 순서에도 얽매일 필요가 없다. 시험에 배우지 않은 내용이 나왔다고 이의를 제기하는 경우도 있는데, 시험은 교과서 지식을 습득한 여부를 평가하는 것이 아니라 각 교과 성취기준의 도달 정도를 파악하는 것이다. 이를 위해 교과서 내용뿐만 아니라 교과서 외의 다양한 지문이나 자료를 활용한다. 또 프로젝트의 내용을 수행평가 및 학업성취도 평가와 연계하여 출제하기도 한다. 단순히 암기 여부를 파악하는 수준의 시험에서 고차원적인 사고력을 측정하는 시험으로 바뀌고 있는 만큼 학생과 학부모도 평가에 대해 새로운 시각을 가질 필요가 있겠다.

참고자료: 한국교육과정평가원, 부모교육 가이드북(2023)

중학교에서 내신 성적을 잘 받는 비법은 수업 시간에 집중해서 잘 듣고 매일매일 복습하는 것입니다. 교과 선생님이 시험문제를 출제하는 만큼 평소 수업 시간에 강조한 부분을 표시해두어야 어느 부분 위주로 공부할지 파악이 되겠죠. 내신 성적은 학생의 학업 성취율에 따라 A-B-C-D-E가 부여됩니다.

2

기본에 충실하라,
최고의 교재는 교과서다

공부할 때 가장 먼저 손에 잡아야 하는 교재는 바로 교과서!

공부할 때 가장 먼저 손에 잡아야 하는 교재는 무엇일까? 참고서, 노트, 영상 등 말 그대로 참고할 것은 많지만 가장 먼저 챙겨보아야 할 것은 바로 교과서이다. 그런데 시험공부 하라고 하면 엉뚱한 자료를 펼치는 학생들이 많다. 학교 선생님들은 국가 교육과정을 충실하게 따르기 위해 교과서를 기본적으로 중심에 놓고 그 외에 다양한 자료들을 활용하여 수업 자료를 제작한다. 그리고 자신이 가르친 내용에서 시험문제를 낸다. 시험문제를 출제하는 사람은 수업을 담당하고 있는 교사라는 사실을 기억하자. 내신 성적 향상법은 우선 교과서부터 꼼꼼하게 보는 것이다. 교과서 외에 직접 제작한 활동지 위주로 수업을 하는 교과목의 경우는 당연히 담당 교사가 나눠준 유인물을 꼼꼼히 살펴봐야 하겠다.

교과서를 그냥 한 번 눈으로 쓱 보았다고 해서 내용이 다 내 머릿속에 들어오는 것은 아니다. 적어도 3번은 반복해서 보는 것이 좋다. 1회 차 읽기 때는 교과서 내용을 천천히 한 글자씩 소리 내어 읽어본다.

2회 차 읽기 때는 다시 처음부터 꼼꼼하게 중요한 부분에 밑줄을 그으면서 교과서를 읽는다. 한 번 읽었다고 다 이해되는 것이 아니기 때문에 빨리 읽기보다는 내용과 문장의 흐름을 짚어가면서 천천히 읽는 것이 도움이 된다. 3회 차 읽기 때는 처음부터 다시 한 글자씩 읽어가면서 밑줄 그은 부분이나 새롭게 눈에 들어오는 중요한 부분의 단어나 개념에 색펜으로 표시하면서 읽기를 마무리한다.

학교에서 1회에 한 해 무상으로 교과서를 제공한다. 전출을 할 경우 본인이 사용하던 교과서를 학교에 반납해야 한다. 교과서를 분실할 경우 검정교과서 인터넷 판매처, 개별 출판사 인터넷 사이트에서 온라인 주문을 하거나 오프라인 교과서 판매처에서 직접 구입해야 한다.

(한국검인정교과서: www.ktbook.com)

학습한 내용을 정리하면서 어느 정도 이해했는지 파악하는 것이 중요하다!

교과서를 최소 3회 읽고 난 후에는 학습한 내용을 정리하면서 어느 정도 이해했는지 파악하는 과정이 꼭 필요하다. 3회 독 후 확인 및 정리 방법은 다음과 같다. 백지에 자신이 공부한 내용을 자유롭게 떠오르는 대로 적어본다. 문장보다는 단어 중심으로 적어본다. 가장 핵심이 되는 키워드를 생각한 뒤 마인드맵을 그려본다. 주변 사람에게 읽은 내용을 다시 설명해본다. 학습 효율성 피라미드에 따르면 설명하기가 배운 내용을 기억하기에 가장 좋은 방법이다. 설명하는 과정에서 학습이 부족했던 부분을 스스로 확인할 수 있고 학습 내용에 대해 더 깊이 이해할 수 있다. 교과서 내용이 충분하게 익혀졌다고 생각하면 문제집을 풀면서 자신의 이해도를 파악하는 것도 도움이 된다. 기본적으로는 각 학교에서 채택한 출판사에 맞는 문제집을 선택하여 풀도록 하고 EBS 문제집을 활용하는 것도 좋다.

개념을 정리하는 (코넬식) 노트필기와 플래너 작성,
시험 결과에 지대한 영향을 끼친다!

배운 개념을 노트에 정리해보면서 학습 내용을 인출하는 과정이 중요하다. 뒤에 설명할 노트필기 하기, 복습하기와 이어지는 지점이다. 말로는 잘 설명할 수 있지만 막상 글로 써보라고 하면 안 되는 학생들이 많다. 특히 스마트폰의 영상 콘텐츠에 익숙한 아이일수록 자신의 생각을 글로 표현해본 경험이 적어 글쓰기 자체를 힘들어하는 경우도 많다. 그러다 보니 노트 정리의 중요성은 누구나 알고 있지만 제대로 실천하는 학생들은 많지 않다. 개념을 정리하는 노트필기 습관은 서술형 평가(수행 평가) 비중이 높은 요즘 학교 시험 결과에 지대한 영향을 끼치기 때문에 꼭 잡아야 할 습관이다. 수업 시간 필기를 할 때나 스스로 공부한 내용을 정리할 때는 코넬식 노트 정리법을 따르는 것이 좋다.

코넬식 노트 요약정리 방법은 다음과 같다.

1. 제목: 그날 배울 과목의 단원, 소제목, 학습 목표 등 작성
2. 키워드: 노트필기의 내용 중 가장 핵심이 되는 단어, 개념, 정의, 공식, 법칙 중심으로 정리
3. 수업 내용 필기: 선생님의 수업 속도와 함께 수업 내용을 적당히 요약하여 정리(학습 목표에 도움이 되는 내용과 핵심적으로 강조되는 내용 정리)
4. 요약정리: 주제와 학습 목표를 설명하는 내용을 보면서 다시 깔끔하게 정리, 학습 내용을 훑어보고 중요 내용을 교과서 보지 않고 스스로 적기, 관련 문제 만들기, 노트필기를 보지 않고 요약 정리해보기

똑같이 주어진 24시간이지만 어떻게 관리하는가에 따라 정말 다양하고 많은 일을 할 수도 있지만, 제대로 한 것이 하나도 없이 하루가 지나가 버리기도 한다. 하버드대학교 교육대학원 리어츠 라이트 교수가 1,600여 명의 하버드대학교 학생들의 공부 습관을 정리했는데 그중 공통된 습관이 시간 관리라고 한다. 다양한 활동을 하면서도 공부하는 시간만은 엄격히 관리하는 것이 공통된 습관인 것이다. 공부할 때는 휴대전화를 끄는 등 공부에 방해가 되는 것을 스스로 차단하는 것이 좋다. 휴대전화의 유혹을 물리치고 온전히 공부에 몰입하려는 용기가 필요하다. 하버드대학교 학생들의 공부 습관 2위는 글쓰기라고 한다. 하버드대학교 학생들이 반드시 익히고 싶은 공부 기술은 컴퓨터 프로그램이나 첨단 기술이 아니라 글쓰기이다. 자기 생각과 마음을 글로 정리하는 능력은 꾸준한 연습이 없다면 불가능하다. 시간 관리와 글쓰기 실력 향상을 위해서 플래너를 하나 정해서 꾸준하게 쓰는 것이 좋다. 기록, 정리하는 습관

은 인생에서 아주 유용한 기술이다. 최고의 공부 기술은 글쓰기이다. 글쓰기, 메모는 자료 정리와 기억에 도움을 준다. 많은 생각을 정리하는 데 도움이 된다. 글을 쓰다 보면 자신을 돌아보는 힘도 생긴다. 글로 생각과 마음을 표현하면 스트레스가 풀리기도 한다. 수행평가는 주로 자신의 의견을 묻는 경우가 많기 때문에 성적 향상을 위해서라도 글쓰기 훈련은 꼭 필요하다.

'에빙하우스 망각곡선'을 기억해,
10분 이내에 수업 시간에 배운 내용을 바로 복습하라!

복습의 필요성을 이야기할 때 '에빙하우스 망각곡선'을 기억하자. 우리가 배우는 많은 내용과 경험들이 10분이 지나면서 서서히 잊히기 시작해 하루가 지나면 50% 이상 사라진다는 사실. 에빙하우스의 망각곡선을 보면 한 달 뒤에는 20% 이내만 기억된다고 한다. 아무리 한자리에 앉아 공부를 열심히 해도 잊어버리고 나면 아무 소용이 없지 않은가! 어떻게 하면 내용을 오랫동안 잘 기억할 수 있을까? 학습 효율성 피라미드에서 보듯이 자신이 배운 내용을 가족이나 친구 등 다른 사람에게 말로 설명하게 되면 내가 아는 것과 모르는 것을 구별할 수 있게 되고 이를 바탕으로 부족한 부분을 다시 공부하면 내용이 머릿속에 오래 남게 된다. 또 다른 방법으로는 10분 이내에 수업 시간에 배운 내용을 바로 복습하는 것이다. 그렇게 하면 망각의 속도를 늦출 수 있다. 1일이나 일주일 후에 공부한 내용을 다시 한 번 살펴본다면 시험 기간에 임박해서 공부할 때보다 훨씬 더 많은 양을 기억해낼 수 있다. 필자의 경우 담임 반 학생들에게 매년 복습 노트를 쓰게 한다. 그날 배운 내용을 집에 가서 복습했는지 꼭 확인을 한다. 복습 노트를 쓸 때 당장은 귀찮을지 모르지만 공부 습관을 잡는 데 도움이 되었고 실제로 성적 향상까지 이어진 사례가 많아서 필자는 복습 노트 예찬자가 되었다.

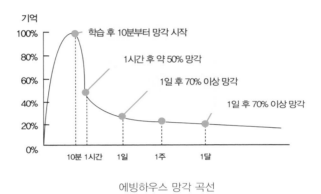

에빙하우스 망각 곡선

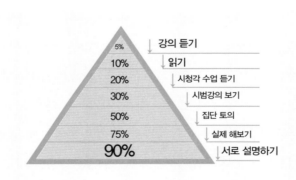

학습 효율성 피라미드

교과서는 최소 3회 이상 꼼꼼하게 살펴보고 공부한 후에는 학습한 내용을 정리하면서 이해도를 파악하는 과정이 필요합니다. 자신이 배운 내용을 다른 사람에게 말로 설명해보거나 10분 이내에 수업 시간에 배운 내용을 바로 복습하는 것이 학습한 내용을 오래 기억할 수 있는 방법입니다.

3

수행평가를 잡아야 진정한 고수

서랍이며 사물함 정리가 우선, 태도가 곧 성적과도 연결된다!

각 교과마다 요구하는 과제도 많고 나눠주는 자료도 많다 보니 과목별로 자료 모으는 자체를 힘겨워하는 아이들도 많다. 서랍이며 사물함이 뒤죽박죽 정리가 안 되는 학생들의 경우 안타깝게도 그 태도가 성적과 연결되는 경우가 많다. 특히나 요즘은 예전과는 달리 100% 지필평가로 이루어지는 것이 아니라 수행평가 비율이 높기 때문에 더 그렇다. 예전처럼 벼락치기가 통하지 않는다. 벼락치기로 지필평가에서 100점을 맞았다고 해도 수행평가 비율이 과목당 40% 이상은 차지하기 때문에 수행평가 성적이 좋지 못하면 결국 A를 받기 힘들다. 중학교에 와서 자신의 성적을 접하고 좌절하는 학생들을 많이 봐왔다. 앞서 설명했듯이 수행평가는 토론, 발표, 과제 등 단순한 지식을 물어보기보다는 수업 내용을 얼마나 제대로 이해하고 있는지, 얼마나 성실히 수업 활동에 참여했는지 등 그 과정을 평가한다. 수행평가 유형과 내용은 학교마다, 과목마다, 수업 방식에 따라 다양한 형태로 이루어진다. 학기 초에 학교 홈페이지나 시험 전에 나누어주는 시험 관련 가정통신문 또는 학교 알리미 사이트(www.schoolinfo.go.kr)를 통해 학교별 수행평가 방법, 과제, 채점 기준 등을 공개하고 있으니 사전에 살펴보면 큰 도움이 될 것이다.

수행평가를 잡기 위한 다섯 가지 팁

그렇다면 수행평가 성적을 잘 받으려면 어떻게 해야 할까?

우선, 수업 태도와 발표력을 키워야 한다. 수행평가에서 가장 중요한 것은 바로 수업 태도이다. 수업 태도나 노트필기, 수업 중 발표 등 학습 과정 자체가 평가 항목에 들어가거나 영향을 주기 때문에 평상시 수업에 성실하게 임해야 좋은 평가를 받을 수 있다. 수업 시간에 선생님의 말을 귀담아듣고, 필기를 꼼꼼히 하고, 과제를 철저히 준비하는 자세가 기본이다.

둘째, 수행 과정을 중요하게 여겨야 한다. 결과물보다는 주어진 특정 과제를 말 그대로 수행해나가는 그 과정에 초점을 맞추어 평가를 한다. 조별로 특정 주제에 관해 발표를 할 경우, 발표의 내용 전달력만 평가하기보다는 발표 준비 과정에서의 성실성, 적극성, 협력 정도까지 평가의 대상이 될 수 있다. 각 단계별로 성실하게 임하는 것이 중요하다. 결과보다는 과정을 중시한다고 해서 결과를 보지 않는 것이 아니다. 과정을 잘 따라왔다면 결과 또한 마땅히 좋을 것이다.

셋째, 제출기한 안에 과제물을 꼭 제출하도록 한다. 과목별 선생님이 알려주는 수행평가 계획서를 참조하고, 시험 전에 과목별로 어떤 평가가 이루어지는지 파악하는 것이 중요하다. 제출기한만 잘 지켜도 감점을 면할 수 있다. 아무리 좋은 결과물이라고 해도 마감 날짜를 지키지 않는다면 좋은 점수를 받기 힘들다. 여러 과목의 수행평가를 준비하다 보면 제출 날짜가 비슷한 기간에 몰려 준비 시간이 부족할 수 있기 때문에 과제별로 진행 기간에 대한 세부적인 계획을 스스로 세우는 것이 필요하다.

넷째, 자기관리가 필요하다. 과정을 중시하는 수행평가이다 보니 한두 차시 안에 마무리되지 않는 경우가 많다. 몇 주에 걸쳐 이루어지는 활동들도 있기 때문에 정리가 되지 않으면 평가에 제대로 임할 수가 없다. 앞서 진행한 활동들이 바탕이 되어 결과물 평가가 이루어지는 경우가 많기 때문에 과목별로 수업 시간에 나누어주는 유인물을 제대로 챙기는 것부터가 공부의 시작이라고 보면 된다.

다섯째, 배려, 협동심, 소통 능력 등 인성 역량이 중요하다. 모둠활동 점수가 수행평가에 반영되기도 하고, 그렇지 않더라도 친구들과 소통이 잘되었을 때 개별과제에 대해서도 도움을 받아 질 높은 결과물을 만들어 낼 수 있다. 앞으로 미래를 이끌어갈 인재는 타인과의 의사소통 능력, 협력, 배려가 더욱 중요하기 때문에 꼭 점수에 반영이 되지 않더라도 학교생활을 통해 이런 역량을 함께 기르는 것이 좋겠다.

학교 성적이 인생에 전부는 아니다. 그렇지만 공부를 잘하고 못하고를 떠나서, 최소한 자기 앞에 주어진 일에 최선을 다하는 자세를 학교에서 익혀야 한다고 생각한다. 좀 듣기 싫고 하기 싫더라도 학교에서 배우는 과목에 최소한의 관심을 가지고 수업 시간에 적극 참여하는 자세를 길렀을 때 사회에 나가서도 어떤 일이 주어져도 잘 해낼 수 있지 않겠는가. 자기가 좋아하고 잘하는 것만 열심히 하는 것이 진정한 직업인의 자세는 아닐 것이다. 내게 주어진 일에 최선을 다하다 보면 잘하는 것도 생기고 그런 열심이 다른 곳에 전이되어 무엇이든 이룰 수 있는 것이 아니겠는가. 중학교 때부터 자기 주도적으로 무언가를 할 수 있는 능력이 꼭 필요하다는 뜻이다.

지식습득과 역량을 기를 수 있는
활동의 균형이 중요하다!

필자는 22년간 중학교에서 근무하면서 많은 학생들을 지켜봐왔다. 고민하면서 자기 스스로를 잘 탐색한 후 목표를 결정한 학생은 늦게 공부를 시작하더라도 무섭게 집중해서 좋은 결과를 얻는다. 반면 뚜렷한 목표 없이 초등학교 고학년부터 학원 위주의 선행을 진행한 경우는 중2병을 앓기도 하고 자기 주도 학습에 서툴러 상위 학년으로 올라갈수록 많이 힘들어한다. 중학교 시기를 잘 넘길 수 있도록 부모님이 학생들을 지켜봐주고 기다려주면 좋겠다. 교과 공부에 몰두하면서도 지식적인 측면에만 치우칠 것이 아니라 동시에 여러 역량을 기를 수 있는 활동에 집중하고 진로 탐색의 시기를 놓치지 않도록 균형을 맞추는 일이 중요하다는 얘기다. 수행평가의 좋은 점은 교과 지식뿐만 아니라 여러 역량을 기를 수 있는 과제가 주어진다는 것이다. 자녀들이 수행평가나 다양한 학교 교육활동에 적극 참여할 수 있도록 가정에서부터 분위기를 만든다면 분명 교사와 부모님이 바라는 대로 아이들의 성장과 발전이 있을 거라 믿는다.

◎ 선경쌤의 중학교 생활 가이드 ◎

서랍이며 사물함이 뒤죽박죽 정리가 안 되는 학생들의 경우 안타깝게도 그 태도가 성적과 연결되는 경우가 많습니다. 자기관리, 배려와 협동심 등 기본적인 생활 태도를 중학교 1학년 때부터 바로 잡아야 합니다. 수행평가와 다양한 학교 교육활동에 집중하고 균형을 맞추는 일이 중요합니다.

4

학년별로 선택과 집중이 필요해요

중학교 1학년 학생들은 짧으면 한 학기, 길면 1년 동안 시험의 부담에서 벗어나 체험 중심의 교과 활동과 함께 자신의 진로를 탐색하는 시간을 갖는다. 자유학기(년)제로 진행되는 이 시기는 자기 주도 학습을 훈련하는 최적기이다. 1년 동안 능동적으로 자신의 미래를 탐구할 수 있다. 자유학기(년)을 활용하여 자신이 진짜 좋아하는 것을 고민하며 진로를 탐구해 뚜렷한 목표를 세워야 한다. 이는 자기 주도 학습의 필수요소인 '학습 동기'가 되고 학습 동기가 확보되면 2학년부터 이어질 긴 학업 레이스가 한결 수월해진다. 하지만 이 시기 자칫 흐트러질 수도 있다. 바른 자세로 교과 학습에 집중하는 수업 태도를 갖는 것은 필수다. 수업 시간에 다루는 교과 개념도 완벽히 이해해야 한다. 어려운 부분은 질문을 통해 확실히 이해하고 넘어가야 한다. 배운 내용은 쉬는 시간, 점심시간, 방과 후 등을 활용해 각 과목당 10분만이라도 복습하는 습관을 가져야 한다. 교과서 본문을 읽고 필기한 내용을 다시 한 번 써보는 정도의 간단한 복습만으로도 교과 개념을 자기 것으로 만들 수 있다. 자유학기(년)제 때 지필평가만 치르지 않을 뿐이지 정규교과 수업이 진행된다. 중학교 1학년 교과 과정은 다음 2개 학년 과정과 밀접하게 연계된다. 주요 과목의 개념 이해를 놓치면 당장 다음 학년의 교과 학습에 어려움을 느끼게 된다. 따라서 1학년에 지필 시험이 없더라도 중1 과정의 공부를 소홀히 하면 안 된다. 기본 생활 습관이 흐트러지지 않게 특별히 유의해야 한다.

중학교 2학년 내신 성적 향상 꿀팁
잘하는 과목과 그렇지 않은 과목을 파악한 후 선택과 집중하라!

2학년부터는 지필평가의 내신 반영 비율이 높아지기 때문에 취약한 과목을 파악하고 대비하는 것이 중요하다. 교과의 난이도도 높아지고 고등학교 입시에서 내신 성적이 본격적으로 반영되는 학년이기에 학습 부담이 증가하게 된다. 잘하는 과목과 그렇지 않은 과목을 파악한 후 선택과 집중을 하는 요령이 필요하다. 잘하는 과목은 기존대로 공부하고 그렇지 않은 과목은 방치하는 것이 아니라 여러 가지 공부 방법을 적용해보고 자신에게 맞는 방법을 찾아 약점을 보완하고 강점을 강화하는 전략을 세워야 한다. 특히 영포자와 수포자가 되지 않으려면 이 시기를 잘 잡아야 한다. 수학의 경우 학년이 올라갈수록 이해력과 응용력을 요구하는 '수능형' 문제가 출제되고 있으므로 기본적인 개념을 익혔다면 심화 문제도 다루어봐야 하겠다. 영어의 경우 직접 일기나 에세이 등을 쓰면 문법, 구문 학습 내용을 익힐 수 있고 자연스럽게 어휘력도 좋아진다. 교과서에 나오는 어휘와 문법은 기본적으로 이해하고 암기해야 한다. 중학교 교과서 수준이 그렇게 어렵지 않기 때문에 이해를 잘하고 있는 경우 좀 더 심화된 문법이나 어휘 공부를 들어가며 수능형 문제들을 익히는 것이 좋다.

어떻게 하면 자신이 집중력이 가장 높아지고 공부를 오래 유지할 수 있는지, 어떤 환경에서 공부할 때 가장 효율이 높은지, 어느 시간에 공부하는 것이 잘되는지 등의 기본적인 학습 환경부터 과목별 공부법까지 점검해봐야 한다. 학생마다 효율적인 공부법이 다르기 때문에 자신만의 공부 비법을 찾는 것이 중요하다. 다양한 공부법을 시도해봐야 자신에게 맞는 공부법을 찾을 수 있다. 학습 관련 도서나 인터넷에서 소개되는 다양한 방법들을 하나씩 적용해봐도 좋다. 중학교 2학년은 스스로 공부할 수 있는 능력을 기르는 시기이다. 부모는 지나치게 시험 성적에 집착하는 것보다는 1학년 시기의 진로 탐색 결과를 토대로 아이가 스스로 공부해야 하는 이유를 찾을 수 있도록 동기를 부여하고 적극 지원하는 역할을 수행해야 하겠다.

중학교 3학년 내신 성적 향상 꿀팁

공부의 흐름을 놓치지 않기 위해 매일매일 공부 목표를 세우고 지키는 습관이 필요!

중학교 3학년이 되면 빠듯한 학사 일정으로 정신이 없다. 3월에 새 학기 시작 후, 4월 말~5월 초 중간고사, 7월엔 기말고사 시험이 있다. 중간고사가 끝나자마자 바로 기말고사 대비를 해야 하는 셈이다. 이런 흐름을 따라가지 못하고 놓치다 보면 기말고사 준비에 소홀해지는 경우가 많다. 특히 2학기 기말고사는 더욱 그렇다. 2학기 기말고사는 고등학교 입시에 반영되는 마지막 시험이기도 하고, 고등학교 과정과 연계되는 부분도 많다. 그렇기 때문에 흐름을 놓치지 않고 공부하는 습관을 들이는 것이 중요하다. 공부의 흐름을 놓치지 않으려면 매일매일 그날의 공부 목표를 세우고 이를 지키는 습관을 만들어야 한다. 예를 들어, 매일 학교 수업이 끝난 후에는 그날 배운 교과서를 빠르게 1회독 하기, 영어 단어 10개씩 매일 암기하기, 수학 문제집 5문제 풀기 등의 작은 목표를 과목별로 세워두고 하루도 빠뜨리지 않고 매일 학습하는 훈련을 하는 것이다. 너무 무리하게 많은 양을 정하기보다는 스스로 학습하는 시간이 1시간 정도 될 수 있게 취약 과목 위주로 실천 가능한 계획을 세워보도록 한다.

3학년은 내신 관리에 가장 많이 신경을 써야 하는 학년이다. 고등학교 과정은 중학교 과정의 연장선이기 때문에 부족한 부분에 대해서는 다시 잘 짚고 넘어가야 한다. 복습을 통해 부족한 부분에 대한 확인 학습이 중요하다. 고등학교 과정에 초점을 맞추기보다는 우선 중학교 3년 동안 배운 내용을 완전히 내 것으로 만들겠다는 생각으로 공부하고 익히는 것이 필요하다. 자신의 실력과 상관없는 무리한 선행학습을 하다 보면 본래 학년의 공부에 대한 성취도도 떨어지고 공부에 대한 흥미를 잃게 되는 경우가 많다. 제대로 이해하지 못하고 수박 겉핥기식 선행학습 위주로 학습하는 건 시간 낭비에 불과하다. 고등학교 1학년을 대비한 사회/과학 계열의 심화학습도 필요하다. 통합 교과목은 기존 과목이 융합된 새로운 주제 중심의 내용으로 구성되어 있다. 다소 낯선 용어나 개념이 등장하긴 하지만, 중등 교과 과정과 70% 이상 연계된다. 중학교 3학년은 어느 고등학교에 진학할 것인지 준비하고 선택하는 시기이다. 부모는 자녀가 자신의 적성, 흥미, 그리고 잘하는 것을 바탕으로 진학 설계를 하도록 지원해야 한다.

다음은 2023년 고등학교 2학년이 되는 학생이 후배들을 위해 남긴 글이다. 교사의 입장에서 이야기를 해주는 것도 좋겠지만 학생의 입장에서 후배에게 해주는 이야기도 도움이 될 것 같아 소개해본다.

선배가 들려주는 중학교 1학년 내신 성적 향상 꿀팁

중간고사, 기말고사에 대한 부담은 없지만 그만큼 다른 평가들이 채워져 있어서 1학년 생활도 여유롭지는 않아요. 그래도 시험과 수행평가가 있는 2, 3학년보다는 시간이 많은 편이기 때문에 다양한 경험을 했으면 좋겠습니다. 저는 엑스코(대구)에서 열렸던 진학 박람회, 고등학교별 입학설명회, 대입 입학 사정관의 강연 등 많은 곳을 다니며 진학 정보를 얻었습니다. 그리고 서울대 견학, 진로 네비게이션 수업 등 진로 관련 활동에 많이 참여했습니다. 사실 학교 설명회, 진로 박람회는 1학년이 참석하는 경우가 별로 없어요. 하지만 저는 3학년 때 정보를 접하는 것이 늦다고 생각해서 정보를 미리 접하려고 했는데, 그것이 동기부여, 진로 설계 면에서 큰 도움이 되었다고 생각합니다. 1학년 생활을 위한 팁을 정리합니다.

1. 최대한 많은 경험을 해보세요! 특히 진로, 진학과 관련하여 교육청, 시군구청에서 실시하는 활동에 참여하는 것을 추천해요.
2. 1학년 과정에 대한 시험을 치지 않기 때문에 내용을 놓치는 경우가 많은데, 학년이 올라가면 그 내용을 다시 짚을 기회는 적어요. 2, 3학년 학습 내용은 1학년 학습 내용을 바탕으로 하므로 1학년 과정도 최선을 다해 공부하세요!
3. 매일 공부하는 습관을 들이세요. 1학년 때 보이지 않는 곳에서 열심히 하는 친구들은 적절한 시기에 치고 나갈 수 있더라고요.

선배가 들려주는 중학교 2학년 내신 성적 향상 꿀팁

2학년 첫 시험을 준비하면서 어떻게 해야 할지 갈피를 잡지 못해 당황했던 기억이 납니다. 그리고 시험 몇 주 전에 몰려 있는 수행평가 때문에 고민하다가 '시험이 더 중요한데 수행평가 준비를 조금 미룰까?' 하며 수행평가를 2순위로 미루곤 했습니다. 하지만 3학년이 되어 성적을 받아본 후 수행평가의 중요성을 크게 느꼈어요. 물론 중간고사, 기말고사가 차지하는 비중이 더 크지만 수행평가도 30%의 큰 비중을 차지합니다. 그래서 남녀 학생 사이에 성적 차이가 거의 없는 경우 수행평가 때문에 최종적으로는 여학생들이 더 높은 성적을 받는 경우를 종종 봤습니다. 남학생의 경우 특히 수행평가를 꼭 챙기라고 말하고 싶어요. 2학년 생활을 위한 팁을 정리합니다.

1. 수행평가에서도 좋은 점수를 받을 수 있도록 노력하세요! 수행평가가 중간고사와 같은 비중을 차지하는 경우도 있기 때문에 중간고사, 기말고사에만 집중하는 것은 위험해요.
2. 수업 시간에 최선을 다하세요! 선생님이 생활기록부 평가를 하기 때문에 선생님과의 관계가 여기에 큰 영향을 미친다고 생각해요. 최선을 다하는 모습을 보여 드린다면 학교생활도 더 수월하게 할 수 있고 더 좋은 평가를 받을 수 있어요!

선배가 들려주는 중학교 3학년 내신 성적 향상 꿀팁

3학년은 내신의 60%를 차지하는 중요한 시기입니다. 그래서 2학년 생활의 결과를 뒤바꿀 수 있는 마지막 기회라고 할 수 있어요. 근소한 차이로 결과가 달라질 수 있기 때문에 수행평가에 좀 더 신경을 쓰는 게 좋습니다. 특히 음악, 미술, 체육 과목은 실제로 많은 학생들이 A를 받기 때문에 그 과목들은 '기본적으로 당연히 A를 받아야 한다'는 생각으로 평가에 임해야 합니다. 되도록이면 만점을 목표로 두면 좋습니다. 또 학급 반장이나 부반장으로 생활하는 게 큰 도움이 됩니다. 학급 반장이나 부반장으로 얻을 수 있는 점수가 꽤 크니까 용기 내서 도전해보세요. 3학년 1학기 전체 평가에서 중간고사, 기말고사가 차지하는 비중이 가장 큼에도 선생님들은 수행평가나 생활기록부 평가 등 부수적인 부분을 강조합니다. 왜 그럴까요? 여러분이 공부하는 동안 다른 친구들도 열심히 공부합니다. 따라서 그 친구들이 놓치는 부분을 잡는 게 여러분에게 도움이 될 것이기 때문입니다.

그래도 역시 가장 중요한 건 중간고사, 기말고사에서 좋은 점수를 받는 거예요. 제가 말하는 '좋은 점수를 받는 것'은 이전 시험보다 100점의 개수를 늘리는 겁니다. 학교마다 학력 수준도, 시험 난이도도 많이 차이 나지만 그래도 중학교에서는 목표를 높게 잡아 그 목표를 성취하면서 성공하는 경험을 쌓을 수 있습니다. 3학년 생활은 누가 끝까지 마음을 놓지 않느냐의 싸움입니다. 교만하지 말고, 붕 뜨지 말고, 쉽게 포기하지 말고, 끝까지 열심히 했으면 좋겠습니다. 저는 '처음'보다 '끝'이 항상 어려웠습니다. 분위기에 휩쓸리지 않고 마음을 잘 다잡으며 2년간 나름의 최선을 다해 왔는데 3학년이 되면서 그 힘이 바닥을 드러낸 것 같습니다. 그래서 3년 중 가장 후회도 많이 되고 생각도 많아지는 한 해가 되었지요. 진짜 실력을 쌓지 못했다는 것, 심적으로 충분히 성숙하지 못했다는

것이 두고두고 후회될 것 같습니다. 여러분은 이 점에 유념하여 저보다
는 더 나은, 더 좋은 중학교 3학년을 보냈으면 좋겠습니다. 끝은 또 다른
시작이고, 또 끝을 잘 마무리했다는 좋은 기억은 힘차게 새로운 시작에
나설 동력이 될 테니까요. 여러분의 마지막 한 해가 빛나길 기도합니다!

참고자료: 〈중등 학급경영_행복한 교사가 행복한 교실을 만든다〉, 자녀교육 가이드북(2023)

◎ 선경쌤의 중학교 생활 가이드 ◎

수업 시간에 배운 내용은 쉬는 시간, 점심시간, 방과 후 등을 활용해
각 과목당 10분 만이라도 복습합니다. 잘하는 과목과 그렇지 않은 과
목을 파악한 후 선택과 집중을 합니다. 자신에게 맞는 공부법을 찾고
매일매일 작은 분량이라도 공부하여 공부의 흐름을 놓치지 않도록 합
니다.

여기서 잠깐! 선행학습! No, No, No!

공교육 정상화법이란 2014년 9월 12일부터 시행된 '공교육 정상화 촉진 및 선행교육 규제에 관한 특별법'의 약칭입니다. 초·중·고등학교에서 선행교육을 하거나 선행학습을 유발하는 평가 등을 규제하기 위한 법입니다. 또한 중·고교와 대학의 입학전형도 각 학교 입학 단계 이전 교육과정의 범위와 수준을 벗어나지 못하도록 합니다. 그동안 미리 배워온 것을 전제로 한 수업과 시험출제 관행은 학생들에게 과도한 학습 부담을 주는 주요 요인이었습니다. 이제 공교육 정상화법 시행을 계기로 초·중·고 학생들의 발달 단계에 맞는 학습을 통해 건강한 신체 발달을 도모하는 공교육 정상화의 출발점이 되기를 기대합니다.

□ **주요 내용**
- 선행학습이 필요 없는 학교 수업 실시
  학교가 편성해서 공시한 교육과정의 범위와 수준 내에서 학교 수업 및 방과후 학교 실시
- 학교 시험은 배운 내용에서만 출제
  학교 시험(지필평가, 수행평가 등) 및 각종 교내대 회 등은 배운 내용에서만 출제
- 사교육 없이 준비할 수 있는 공정한 입학전형 마련
  특성화중, 특목고, 자사고 등의 입학전형은 입학 이전 교육과정의 범위와 수준 내에서 실시

– 선행학습을 유발하지 않도록 지도·감독 철저

　교육부 및 시·도교육청에 교육과정정상화심의위원회를 구성하여 교육과정운영, 선행교육방지 대책, 선행학습 영향평가 등 실시·의결

□ **공교육정상화법에 따른 학교 및 학부모의 역할**

　공교육정상화법 제6조(학부모의 책무)에 의하면 학부모는 자녀가 학교의 교육과정에 따른 학교 수업 및 각종 활동에 성실히 참여할 수 있도록 지원하고 학교의 정책에 협조하여야 합니다. 정상적으로 학교 수업을 따라가는 학생들에게 초점을 맞춘 교육, 자기 주도적 학습을 통해 배움의 즐거움을 느끼며 행복한 학습활동을 할 수 있도록 학교와 학부모 모두의 노력이 필요합니다.

참고자료: 자녀교육 가이드북(2023)

자유학기(년)제를 잘 활용하자

　중학교 1학년은 자유학기(년)제로 진행이 된다. 중학교 1학년 동안 시험 부담에서 벗어나 다양한 체험 중심의 학습활동을 하면서 스스로 학습하고 좋아하는 것을 찾아가는 과정을 통해 미래 사회를 살아가는 데 필요한 역량을 갖출 수 있도록 교육과정을 유연하게 운영하여 자신을 이해하게 되고 스스로의 역량을 키울 수 있도록 도움을 주는 제도이다. 수업을 아예 하지 않는 것은 아니고 중간, 기말고사 등 지필평가를 치지 않고 모든 과목을 수행평가로 진행하는 학기 또는 학년이다. 자유학기제는 2015년도부터 시행되어 80%의 학교가 자유학기제를 실시했고 2016년에 전면 도입 관련 법률이 생겼다. 2022년 기준 대부분의 학교가 자유학년제를 시행하고 있지만 몇몇 시도에서는 자유학기제를 채택하고 있기도 하다. 필자가 근무하고 있는 대구 지역은 2022년도에 자유학기제를 적용했다. 1학기에는 중간, 기말고사를 치렀고 2학기에는 지필평가 없이 자유학기제 프로그램을 운영했다. 2025년부터는 전국적으로 중학교 1학년 '자유학년제'가 다시 '자유학기제'로 축소된다. 대신 초등학교 6학년과 중학교 3학년, 고등학교 3학년 등 상급 학교 진학 전 2학기에 일부 기간을 활용해 진로 탐색·설계에 집중할 수 있는 '진로연계학기'가 도입된다.

　교사 입장에서 자유학기제를 바라볼 때와 학부모의 입장에서 자유학기제를 바라볼 때 온도 차를 느낀다. 학부모 입장에서는 중학교 1학년 때 지필평가를 치지 않으니 우리 아이의 학업성취도를 파악할 수 있는 기간이 1년 또는 한 학기 늦어지는 셈이다. 자유학기제를 한다고 해서 교사가 할 일이 없느냐 하면 그건 또 절대 아니다. 오히려 일반 학기 때보다 준비할 건 더 많아진다. 과목에 따라서는 자유학기제 프로그램을 추가로 운영해야 하기도 하고, 여러 프로젝트를 진행해야 해서 지필평가가 없다고 편하지만은 않다. 우리 학생들의 학부모 세대에는 없던 제도이기 때문에 자유학기제에 대한 이해가 부족한 분들을 주변에서 많이 만났다. 자유학기제 때는 수행평가도 하지 않고 진로 체험활동만 하는 걸로 오해하는 분들도 있었다. 자유학기제에 대한 이해를 바탕으로 자녀들이 중학교 생활에 잘 적응할 수 있도록 기본적인 정보는 알아두는 것이 좋겠다. 시험의 부담은 없지만 수업에 집중하고 스스로 예·복습을 하는 것은 시험과 상관없이 해야 하는 노력이라는 점을 알려주어야 한다. 부모가 먼저 자유학기제의 취지를 충분히 공감하고, 학부모 설명회나 가정통신문 등을 통해 학교 교육 방향을 공유하는 것이 좋다. 자녀가 교사나 학교에 대해 불만을 표할 경우 부모가 균형 있는 관점을 보여주어야 자녀도 궁정적인 태도를 가질 수 있다. 학생의 희망을 반영한 다양한 프로그램, 실습 · 체험 중심의 수업 등 많은 인력 지원이 필요한데 도서관 사서 도우미나 진로 캠프를 위한 안전요원 등 학교에서 자원봉사의 요청이 있다면 참여해보는 것도 좋겠다.

자유학기(년)제는 교과수업과 자유학기 활동으로 이루어진다!

학생들은 중학교에 진학하면서 초등학교에 비해 늘어난 과목 수와 수업 시간, 어려워진 수업 내용 등으로 학교생활에 적응하는 데 어려움을 겪기도 한다. 자유학년제에는 초등학교에서 경험했던 학생 참여형 수업과 과정 중심 평가가 연계되어 학생들이 중학교에서의 변화에 자연스럽고 안정적으로 적응할 수 있도록 도와주기 위해 만들어진 제도이다. 자유학기(년)제 기간 동안 이루어지는 학교생활은 크게 교과수업과 자유학기 활동(주제선택 활동, 예술 · 체육 활동, 동아리 활동, 진로탐색 활동)으로 나눌 수 있다. 국가수준 교육과정에서 제시하고 있는 성취기준(꼭 배워야 할 내용)에 근거하여 학생들이 스스로 문제를 생각하고 해결하는 학생 참여형 수업이 이루어진다. 자유학년제는 학생 개별 맞춤형 성장을 지향하는 수업을 통해 학생들은 매 수업마다 자신의 위치에서 한 발 더 나아가는 것을 목표로 한다. 수업을 함께하는 동안 학생들은 스스로 생각할 수 있는 힘과 배움의 즐거움을 느끼며 수업의 주인으로 성장한다. 자유학기(년)제에는 모든 학생이 동시에 주어진 정답을 고르는 지필평가 위주의 중간고사나, 기말고사는 실시하지 않는다. 그렇다고 평가가 사라진 것이 아니다. 자유학년제에는 수업 활동과 연계된 다양한 "과정 중심 평가"를 실시하여 학생의 부족한 부분을 확인하고 그에 맞는 학습활동을 제공하여 학생의 성장을 이끌어낸다. 평가 결과는 점수로 표기되지 않고 문장으로 기술되며 세부적인 평가가 이루어진다.

학생의 성장과 발달을 돕는 과정 중심적 평가가 이루어진다!

과정 중심 평가란 학습 결과 중심의 학습 목표 성취를 평가하는 것이 아니라, 학습 과정 중에 학생 간의 상호작용, 사고 및 행동의 변화 등에 대하여 학생의 성장과 발달을 돕는 과정 중심적 평가를 의미한다. 공정한 평가를 위해 국가수준 교육과정에서 제시하는 성취 기준을 바탕으로 평가 기준을 만든 후에 수업을 진행한다. 학생들은 자신이 어떤 과제를 수행해야 하는지 미리 알고 있는 상태에서 평가를 받게 된다. 다양한 학생 참여형 수업과 연계하여 평가가 이루어진다. 또한 수업 속에서 학생들이 어떻게, 어느 정도로 잘하고 있는지를 관찰하여 활동 내용 · 성실성 · 태도 등을 종합적으로 평가한 뒤 피드백을 제공한다. 과정 중심 평가는 학생의 성장과 발달 과정의 부족한 점을 채워주고 우수한 점을 더욱 발전할 수 있도록 돕는 데 목적이 있다. 서술형 평가가 주로 이루어지는데 서술형 평가란 문항에 대한 답을 수험자 스스로 작성하되, 하나 이상의 완결된 문장으로 서술하도록 요구하는 문항 형태이다. 2~5개의 선택지가 주어지는 선다형과 다르고, 답이 주어지지 않더라도 명사형이나 짧은 명사구로 응답하는 단답형과도 다르다. 논술형과 같이 응답을 자유롭게 충분히 서술하는 유형과 달리, 발문을 통해 응답의 방향과 분량을 제한하는 문항 형태이다.

자유학기(년)제 동안에는 학생들이 어떻게 하면 더 잘 배울 수 있는가를 살피고 이에 대한 피드백을 제공하며, 교사평가, 동료평가, 자기평가 등 다양한 평가로 객관적인 내용을 누적하여 기록한다. 즉, 교육과정—수업—평가—기록이 하나로 연결되어 있다. 자유학기(년)제에 교과를 이수한 모든 학생에 대해 이수 결과는 성취도란에 'P(PASS)'로 입력되고, 과목별 세부능력 및 특기 사항란에 성취수준과 학습활동 참여도 및 태도, 활동 내역 등을 문장으로 기록한다. 자유학년제에 자유학기 활동을 이수한 모든 학생에 대해 자유학기 활동 영역별 특기 사항란에 활동 내용, 참여도, 흥미도 등을 종합 평가하여 문장으로 기록한다.

학교생활기록부 기록 예시 1

(생활 속 통계)(34시간) '성적과 행복지수'에 관한 프로젝트 활동에서 설문을 제작하고 수집하여 그래프와 도표로 표현하고, 자료의 해석 및 분포의 특징을 잘 설명함. '미세먼지, 우리 학교는 안전한가'라는 주제로 작년과 올해 미세먼지 수치를 조사하여 상대도수로 정리하여 그래프로 표현하였으며, 이를 차분하고 논리적으로 발표함. 생활 속 문제를 통계적으로 해석하는 문제 해결 활동을 좋아하며 정보 처리 및 의사소통 역량이 뛰어남.

학교생활기록부 기록 예시 2

학년	학기	자유학기활동상황		
		영역	시간	특기사항
1	1	주제 선택 활동	68	(생활 속 통계)(34시간) '성적과 행복지수'에 관한 프로젝트 활동에서 설문을 제작하고 수집하여 그래프와 도표로 표현하고, 자료의 해석 및 분포의 특징을 잘 설명함. 생활 속 문제를 통계적으로 해석하는 문제 해결 활동을 좋아함.
				(스마트폰 앱 제작)(34시간) 엔트리를 활용한 앱 제작활동을 주도적으로 진행하였으며, 문제 해결을 위해 다양한 방법을 시도하는 등 소프트웨어적 사고력과 끈기가 우수함.

자유학기(년)를 운영 시 학교별로 학생들의 관심 분야, 선호 프로그램, 만족도 등에 대한 조사 결과와 학교의 여건 등을 충분히 고려하여 활동 중심 프로그램을 4영역(주제선택 활동, 예술·체육 활동, 동아리 활동, 진로탐색 활동)으로 구성하고 학생들의 희망을 최대한 반영하여 반을 배정하지만 원활한 운영을 위해 대부분의 학교가 수업 별 수강 인원을 제한하고 있다. 인기 있는 수업은 빨리 마감되는 만큼 결정하고 신청하는 속도도 중요하다. 수업 선택 전 사전에 공지되는 내용을 꼼꼼히 알아보는 일이 우선돼야 한다. 생소한 주제·영역의 수업을 다루다 보니, 이름만 그럴듯한 강좌를 선택했다가 기대에 못 미치는 내용에 아쉬움을 표하는 학생들도 있을 수 있다. 사전 안내문을 꼼꼼하게 살펴 자신의 선호도에 맞는 프로그램을 선택하는 것도 중요하겠지만 프로그램마다 다 장단점이 있으니 일단 배정받은 프로그램에 적극 참여하는 자세가 중요하겠다. 자유학기 활동 프로그램의 큰 틀은 다음과 같다.

▢ 주제선택활동:
• 교과에서 확장된 다양한 '주제'에 대한 전문적인 수업
• 교과와 연계한 프로젝트 수업, 범교과 학습주제 활동 등으로 전문적 학습 기회 제공
(예시) 꿈꾸는 소설 쓰기, 도란도란 철학 이야기, 수학으로 보는 과학과 예술, 영어 잡지 만들기 등

□ 예술·체육활동

• 음악, 미술, 체육 과목에서 확장된 다양하고 내실 있는 문화·예술·체육 활동

• 학생의 인성, 감성 역량 함양을 통한 전인적 성장

 (예시) 연극, 뮤지컬, 오케스트라, 축구, 농구, 스포츠 리그 등

□ 동아리 활동

• 관심 분야의 특기·적성 개발, 자치 능력 및 문제해결력 함양

 (예시) 문예 토론반, 라인댄스반, 과학실험반, 향토예술탐방반 등

□ 진로탐색 활동

• 학생들이 자신의 적성과 소질을 탐색하여 스스로 미래를 설계하는 능동적 자기 주도 학습 기회 제공

 (예시) 진로검사, 직업인 초청 강의, 직업 탐방, 진로 포트폴리오 제작 활동, 모의 창업 등

※ 참고자료:

2021 자유학기제 교원·학부모용 장학자료(경상남도교육청), 에듀넷 티-클리어(www.edunet.net)

자유학기(년)제는 자기 주도적 학습 능력을 기르기 위해 중학교 1학년 동안 지식·경쟁 중심에서 벗어나 학생 참여형 수업을 실시하고 학생의 소질과 적성을 키울 수 있는 다양한 체험활동을 중심으로 교육과정을 운영하는 제도입니다. 교과수업과 자유학기 활동(주제선택 활동, 예술·체육 활동, 동아리 활동, 진로탐색 활동)으로 이루어집니다.

6

고등학교 선택 어떻게 하면 좋을까?

자녀의 관심사와 진로 희망을 미리 파악하라!

중학교 3학년 담임을 맡으면 가장 핵심적인 업무가 바로 고등학교 입학 상담 및 원서를 작성하는 일이다. 학생들의 진로 희망을 파악하기 위해 수시로 상담을 해야 할 뿐만 아니라 학부모와도 상담을 여러 번 해야 한다. 그런데 이때 답답한 부분이 좀 있다. 중학교 3년 동안 자녀들의 성취도가 어느 정도인지 파악을 못 하고 있는 경우도 많고, 고등학교 입학 전형에 대한 이해도가 부족하여 원서를 작성하는 과정이 원활하지 않은 경우가 발생한다. 고등학교 선택은 인생에서 학생들이 겪는 중요한 선택의 순간이다. 중학교 3학년 2학기가 닥쳐서 원서를 쓸 때 생각하기보다는 자녀의 관심사와 진로 희망에 따른 고등학교를 선택할 수 있도록 평소에 가정에서 자주 대화를 나누어야 하겠다. 진로에 대한 목표가 확고

한 학생들일수록 수업 시간에 집중하고 자신의 목표를 향해 노력하는 모습을 보인다. 고등학교 입학에 대한 기본적인 정보를 알아둔다면 자녀의 학교생활에 도움을 줄 수 있을 것이라 생각한다.

　고등학교는 교육과정과 목적에 따라 크게 특수목적고등학교, 특성화고등학교, 일반고등학교, 자율고등학교, 각종학교로 분류된다. 우리가 흔히 알고 있는 자사고, 과학고, 외고, 국제고 등은 위 유형의 세부 개념이다. 고입정보포털(www.hischool.go.kr), 각 시도교육청 진학진로정보센터를 이용하면 다양한 고등학교 유형과 입학전형에 대한 정확한 정보를 쉽게 확인할 수 있으며 학교 알리미(www.schoolinfo.go.kr)를 통해 고등학교에 대한 상세한 정보를 알 수 있다. 각 유형의 고등학교는 어떤 특징을 가지고 있으며 어떤 학교가 이에 해당하는지 간략하게 살펴보자.

　일반고는 주변에서 가장 흔히 볼 수 있는 고등학교로, 특정 분야가 아닌 다양한 분야에 걸쳐 일반적인 교육을 실시하는 학교이다. 지역별로 컴퓨터로 추첨·배정으로 선발하는 일반고는 학생들의 성적이 상위권부터 하위권까지 고르게 분포된 경우가 많아 특목고나 자사고에 비해 내신 성적 관리가 수월하고, 교내 활동에 대한 부담이 적다는 장점이 있다. 다만 다른 유형의 고등학교에 비해 특성화된 프로그램이 부족하여 수능과 학생부종합전형을 효과적으로 대비하는 데 불리할 수 있다. 따라서 일반고를 선택할 경우, 각 학교의 교육과정을 꼼꼼히 살피는 것이 중요하다. 일반고는 모두 비슷할 것이라는 인식과는 달리, 일반고에도 다양한 유형의 학교가 존재한다. 일반고에도 교육과정을 자율적으로 운영할 수 있는 자율학교가 있다.

　자율학교는 일반고에서 교육과정 편성상 제약으로 인해 실시하기 어려운 전문 교과수업이나 특색 있는 교육 프로그램을 학교 재량으로 운영할 수 있다. 일반고 가운데 ①교과중심학교 ②혁신학교 ③농산어촌전원학교 ④교육과정 특성화고 등이 자율학교로 분류된다. 특정 분야에 소질과 적성이 있는 학생이라면 교과중점학교 진학이 유리할 수 있다. 교과중점학교란 일반고의 틀 안에서 특성화된 교육을 받을 수 있도록 중점과정을 설치 운영하는 고등학교를 말한다. 이러한 교과중점학교는 경제(사회), 로봇(기술), 예술(디자인, 문예창작 등), 제2외국어 등의 교과군 별로 다양하게 있다. 예를 들어, 과학중점학교는 과학고 못지않게 과학 교과를 집중적으로 공부한다. 일반고의 자연계열에서 30%를 차지하는 과학, 수학 교과 비중이 과학중점학교에서는 총 이수단위의 45% 이상을 차지한다. 이외에 교내대회, 방과후 수업, 동아리 활동 등의 과학 중심 비교과 프로그램이 마련되어 있다는 특징이 있다.

　일반적으로 특목고라 불리는 특수목적고등학교는 특수 분야의 전문적인 교육을 목적으로 설립된 고등학교이다. 과학고, 외국어고(=외고), 국제고, 예술·체육고, 마이스터고가 이에 해당된다. 특목고는 일반고와는 달리 교육과정 중 일정 비율 이상을 전문교과를 이수하도록 되어 있다.
　이처럼 전문교과목을 배워야 하는 특목고는 일반고에 비해 다양한 프로그램을 운영하기에 학생부종합전형, 논술전형, 특기자전형 등의 대입 전형에 보다 유리하다는 장점이 있다. 하지만 우수한 학생이 모여 있고 다양한 교내 프로그램 활동과 교과 성적을 동시에 관리해야 하기에 내신 관리가 다소 어렵다는 단점이 있다. 또한 특정 진로·적성에 특화된 교육과정을 운영하므로 특목고 재학 중 진로가 바뀌면 학업을 계속 지속하는 데 어려움이 생기므로, 이를 충분히 고려하여 진학해야 한다. 특목고는 학생기록부, 교원추천서, 면접, 실기시험 성적 등 학생의 자기 주도 학습 능력을 평가할 수 있는 사항을 반영하여 선발하며 과학고, 외고, 국제고는 입학정원의 20% 이상을 사회적 배려가 필요한 학생으로 사회통합 전형을 통해 선발하고 있다.

자율형 고등학교는 크게 '자율형 사립고(=자사고)'와 '자율형 공립고(=자공고)'로 구분된다. 일반고에 비해 학교 또는 교육과정을 자율적으로 운영하는 자율형 고등학교는 학교마다 다양하고 특화된 양질의 교육 프로그램을 운영한다. 자사고는 신입생 모집 단위에 따라 전국단위 자사고와 시도 단위 자사고로 구분되는데, 하나고, 용인외대부고, 북일고, 김천고, 포항제철고, 광양제철고, 인천하늘고, 현대청운고, 민족사관고, 상산고 등이 전국단위 자사고에 해당된다. 자사고는 학교생활기록부, 교원추천서, 면접, 실기시험 성적 등 학생의 자기 주도 학습 능력을 평가하여 선발하는 반면, 자공고는 지역에 따라 컴퓨터 추첨·배정하거나 내신 성적 등으로 선발하기에 일반고로 분류하기도 한다. 자사고는 특목고와는 달리 학생의 진로가 바뀌어도 대입을 준비하는 데 있어 크게 문제가 되지 않으며, 정시도 함께 준비할 수 있다는 장점이 있다.

하지만 자사고 역시 특목고와 마찬가지로 우수한 학생들이 모인 공간인 만큼, 다양한 교육활동에 적극적으로 참여하며 내신 관리를 하는 것은 큰 부담이 될 수 있다. 따라서 학생의 명확한 목표 의식과 자기 주도 학습 능력을 갖추어야 학교생활 적응에 어려움이 없을 것이다.

특성화고등학교는 특정 분야의 인재와 전문 직업인 양성을 목적으로 특성화 교육과정을 운영하는 고등학교이다. 특성화고는 직업교육 분야와 대안교육 분야로 구분된다. 흔히 직업교육 분야를 특성화고라고 부르고, 대안교육 분야를 대안학교라고 부른다. 국어, 수학, 영어, 사회 등과 같은 보통 교과 외에 농·생명 산업, 공업, 상업정보, 수산·해운, 가사·실업 등의 학교 특성에 따라 다양한 직업 전문교육을 받을 수 있다. 대부분 이론 시간과 실습 시간으로 나눠서 수업을 운영한다. 학생은 내신 성적, 면접, 실기 등으로 선발한다.

기타학교로 영재학교가 있다. 영재학교는 타고난 잠재력 계발을 위해 특별한 교육이 필요한 영재를 대상으로 능력과 소질에 맞는 교육을 위해 설립된 고등학교이다. 영재학교가 특목고 유형에 속하지 않는 이유는, 초·중등교육법령에 근거한 특목고와는 달리 영재교육 진흥법의 적용을 받기 때문이다. 영재학교는 학생이 원하는 과목을 수강하는 무개념 학점제로 운영되며, 영재고를 졸업하기 위해선 논문을 필수로 작성하거나 대학과 연계된 연구 활동을 해야 한다.

고등학교 입학전형은 초 · 중등교육법시행령 제76조~제105조에 의거 시행한다. 전기와 후기로 나누어 선발하되, 전기 학교의 신입생으로 선발된 자는 후기 학교에 지원 · 입학할 수 없다. 전기 학교는 특수목적고(과학고, 예술고, 체육고, 마이스터고), 특성화고, 각종 학교가 해당되고, 후기학교는 일반고, 자율형 공립고, 자율형 사립고, 특수목적고(외고, 국제고)가 해당된다. 입학전형은 중학교의 학교생활기록부의 기록(학교생활기록부가 없는 경우에는 이를 갈음하여 활용하는 자료)과 재학 중이거나 졸업한 중학교 교원의 추천서, 면접, 그 밖에 실기시험 성적 등 학생의 자기 주도 학습 능력을 평가할 수 있는 사항의 일부 또는 전부를 반영하되, 중학교 교육과정의 수준과 범위를 벗어나지 아니하는 범위에서 실시한다.

6월 영재학교를 시작으로, 과학고와 특성화고가 포함된 전기 고등학교는 9월부터, 외국어고 · 자사고 · 일반고가 속한 후기 고등학교는 12월부터 전형이 실시된다. 학교별 모집 요강은 입학전형 3개월 전 공지하는 것이 원칙이다. 과고는 6월까지, 외고 · 국제고 · 자사고 · 일반고는 늦어도 9월 초 모집 요강이 최종 확정된다. 특목 · 자사고 등의 진학을 준비하는 학생이라면 코로나19 상황을 고려해 학교의 공지 사항을 수시로 확인하는 것이 중요하다. 앞서 이야기한 대로 각 고등학교 입학전형은 학교 홈페이지에 게시되고 각 학교별로 입학설명회를 개최하기도 하니 홈페이지에 올라오는 공지사항이나 학교에서 안내하는 가정통신문을 참고하여 입학설명회를 자녀와 함께 들어보는 것이 좋다.

고등학교 지원 유의사항은 다음과 같다. 이중지원이 금지되어 있다. 전기 고등학교 중에서 1개 학교만 지원이 가능하다. 불합격이 확인되어도 타 전기 학교에 지원할 수 없다. 학생 거주지 소재 전기 학교는 물론 타시 · 도 소재 전기 학교와의 이중지원도 금한다. 불합격이 확인되지 아니한 자는 다른 고등학교(후기고 포함)에 지원할 수 없다. 전기 학교에 선발 · 합격된 자가 당해 학교에의 입학을 포기한 경우에는 당해 연도에 다시 다른 학교에 지원 · 입학하지 못한다.

- 과학고 지원자(불합격자 포함) → 예고 지원 불가능
- 전기 고등학교 합격자 → 후기 고등학교 지원 불가능
- 특성화고 합격자 → 일반고 지원 불가능
- 후기 고등학교 합격자 → 전기 고등학교 추가모집 지원 불가능
- 후기 고등학교 합격자 → 외고, 국제고, 자사고 추가모집 지원 불가능

이중지원 예외 사항은 다음과 같다. 산업수요맞춤형고등학교(마이스터고)에 지원하여 불합격이 확인된 자는 전기 학교의 특성화고에 다시 지원할 수 있다. 특성화고 취업희망자 전형에 지원하여 불합격이 확인된 자는 특성화고 일반전형에 다시 지원할 수 있다.

- 전기 고등학교 불합격자 → 후기 고등학교 지원 가능
- 전기 고등학교 불합격자, 미지원자 → 전기 고등학교 추가모집 지원 가능
- 영재학교 지원자(합격자, 불합격자) → 다른 학교 지원 가능

- 마이스터고 불합격자 → 특성화고 지원 가능
- 특성화고 특별전형 불합격자 → 특성화고 일반전형 지원 가능
- 특목고(외고, 국제고, 자사고) 지원자는 2순위로 일반고 지원 가능

□ 추첨 배정고 입학전형

1. 추첨 배정고에 지원하는 자는 다음과 같이 단계별로 지원하여야 한다.

  가) 1단계: 해당 광역시 소재 추첨 배정고 중 서로 다른 2개교에 희망 순으로 지원함

  나) 2단계: 지원자의 거주지가 속한 일반학군 내에 소재한 추첨 배정고 중 서로 다른 2개교에 희망 순으로 지원함.

2. 거주지 해당 학군에 속하지 아니한 타 학군의 조절학교[1]에 배정받기를 희망하는 경우 조절학교에 지원할 수 있다.

3. 추첨 배정고 1, 2단계 지원에 앞서 교과 중점 학교에 지원하고자 하는 자는 거주지가 속한 일반학군에 제한 없이 위 1단계에 앞서 해당 과정 운영 학교 1개교에 지원하고, 위 1, 2단계의 지원도 하여야 한다. 단, 과학중점, 미술중점 과정은 2개교까지 지원할 수 있으며, 중점과정에 지원하여 합격(배정)되면 위 1, 2단계의 지원 및 조절학교 지원은 무효가 된다.

4. 음악중점, 미술중점은 다음과 같이 지원하여야 한다.

---

1) 조절학교: 학군별 합격(배정예정)자 수와 학군별 해당 고교의 모집정원 수가 맞지 않을 경우, 학군별 배정 인원의 조절을 위해 지원자의 거주지 해당 학군에 속한 학교가 아니더라도 배정할 수 있도록 지정·고시된 학교.

- 음악중점
  - 세부전공분야(피아노, 플루트, 관현악, 타악, 성악, 작곡) 표기
  - 음악교사 추천(전공실기능력 및 소양을 개조식 30자 내외 작성)
- 미술중점
  - 세부전공분야(회화, 디자인, 애니메이션) 표기(수성고, 매천고는 회화, 디자인만 표기)
  - 미술교사 추천(전공실기능력 및 소양을 개조식 30자 내외 작성)

특수목적고등학교(외국어고, 국제고), 자율형 사립고 지원 원칙

1. 외국어고, 국제고 또는 자율형 사립고(전국단위 자사고 및 국제고 포함, 이하 '자율형 사립고등'이라 한다) 지원자는 해당 학교 중 1개교에 지원하고, 추첨 배정고에도 지원할 수 있다. 단, 외국어고, 국제고 또는 자율형 사립고 등에 지원하여 합격하면 추첨 배정고 지원은 무효가 된다.

2. 외국어고, 국제고 또는 자율형 사립고 등과 추첨 배정고에 동시 지원하고자 하는 자는 선지원 일반고, 교과 중점 학교 및 1단계 추첨 배정에는 지원이 불가능하고, 2단계 추첨 배정 및 3단계 지리정보 배정에만 지원할 수 있다.

□ 중학교 내신 성적 산출 공식

내신 성적 산출은 중학교 학교생활기록부의 기록에 의한다. 중학교 내신 성적 산출을 위한 총점은 300점으로 하고, 교과 성적 80%(240점)와

생활성적 20%(60점)를 반영한다. 생활성적은 출결 성적 5%(15점), 봉사활동 성적 5%(15점), 창의적 체험활동 성적 5%(15점), 행동특성 성적 5%(15점)로 구분·반영한다. 출결 성적은 3개 학년을 합산·산출하며, 봉사활동, 행동특성 및 창의적 체험활동 성적은 3개 학년별 동일 비율로 적용·산출한다. 교과 성적과 생활성적의 합산 총점으로 남·여를 통합하여 전 학년 석차를 산출한 후 개인별 석차 백분율을 산출한다.

• 내신 성적 = 교과 성적(80%) + 생활 성적(20%)

• 개인별 석차백분율 = $\dfrac{\text{개인별 석차}}{\text{성적산출일 기준 3학년 재적자 수}} \times 100$

※ 소수점 아래 넷째자리에서 반올림하여 소수 셋째자리까지 구함

▫ 추첨 배정고 합격(배정예정)자 배정 원칙

1. 1단계: 당해 학교 지원자 중에서 지망 순위별로 학교별 모집 정원의 50%(체육특기자, 특수교육대상자, 지체부자유자·장애의 정도가 심한 장애인의 자녀·가정위탁보호아동, 다자녀 우선 배정자 포함)를 추첨 배정

2. 2단계: 1단계에서 추첨 배정되지 않은 당해 학교 지원자 중에서 지망 순위별로 학교별 모집 정원의 10%를 추첨 배정

3. 3단계: 1, 2단계에서 추첨 배정되지 않은 학생들을 대상으로 통학

편의(대중교통 기준)와 1, 2단계 지원 사항 등을 고려하여 배정

□ 단계별 세부 배정 원칙

1) 1단계 배정: 당해 학교의 1단계 1희망 지원자가 모집 인원의 50%를 초과하는 학교는 1단계 1희망 지원자를 대상으로 추첨 배정하며, 1단계 2희망 지원자는 배정하지 않는다. 단, 당해 학교 1단계 1희망 지원자가 1단계 배정 정원에 미달되는 학교는 학교별 1단계 1희망 지원자 추첨 배정에서 배정되지 않은 1단계 2희망 지원자 중에서 추첨 배정한다. 1단계 1, 2희망 추첨배정에서 지원자 부족으로 1단계 배정 정원만큼 배정할 수 없는 학교는 미달된 인원을 2단계 배정 정원에 포함하여 추첨 배정한다.

2) 2단계 배정: 1단계 배정에서 추첨 배정되지 않은 당해 학교 2단계 1희망 지원자가 모집 인원의 10%를 초과하는 학교는 2단계 1희망 지원자를 대상으로 추첨배정하며, 2단계 2희망 지원자는 배정하지 않는다. 단, 당해 학교 2단계 1희망 지원자가 2단계 배정 정원에 미달되는 학교는 학교별 2단계 1희망 지원자 추첨 배정에서 배정되지 않은 2단계 2희망 지원자 중에서 추첨 배정한다. 2단계 1, 2희망 추첨 배정에서 지원자 부족으로 2단계 배정 정원만큼 배정할 수 없는 학교는 미달된 인원을 3단계 배정 정원에 포함하여 배정한다.

3) 일반학군별 합격(배정예정)자 수가 일반학군 내 모집정원보다 과밀인 경우, 과밀학군 거주자 중 비과밀학군 소재 학교에 1단계 1지원한 자는 해당 학교 1단계 추첨 배정에서 학교별 1단계 배정 정원의

50% 범위 내에서 우선 배정(대상자가 50% 초과 시는 별도 추첨 배정)한다.

4) 3단계 배정에서, 일반학군별 잔여 합격(배정예정)자 수가 일반학군 내 3단계 잔여 배정 정원을 초과하여 타 학군의 조절학교로의 배정 이 필요하다고 인정될 경우, 타 학군의 조절학교로 배정하되 조절학 교 배정 희망 지원자를 우선 배정한다.

*시도마다 차이가 날 수 있으므로 자녀 학교 소재지에 해당하는 배정 원칙을 잘 확인해야 한다. 각 시도교육청 홈페이지에서 확인할 수 있다.

※ 참고자료: http://www.suna0073.com/schooling/29425 / 고등학교 입학전형 안내(시도교육청)

◎ 선경쌤의 중학교 생활 가이드 ◎

중학교 3학년 2학기가 닥쳐서 원서를 쓸 때 생각하기보다는 자녀의 관심사와 진로 희망에 따른 고등학교를 선택할 수 있도록 평소에 가정 에서 자주 대화를 나누어야 합니다. 진로에 대한 목표가 확고한 학생 들일수록 수업 시간에 집중하고 자신의 목표를 향해 노력하는 모습을 보입니다.

7

현직 영어 교사가 알려주는
중학교 내신을 위한 영어 공부법

몰아서 하기보다는 매일 10분씩이라도 꾸준히 반복하라!

영어는 다른 어떤 과목보다도 꾸준함이 요구되는 과목이다. 일주일에 몇 시간을 몰아서 하기보다는 매일 10분씩이라도 꾸준히 하는 것이 훨씬 효과적이다. 특히 그날 배운 내용은 그날 복습해야 한다는 점을 절대 잊어서는 안 된다. 쓰기, 말하기 평가가 필수로 들어가고 지필평가에서도 서답형 비율이 점점 높아지는 추세이니, 문장을 읽고 해석할 수 있는 수준에서 만족하지 말고 주어진 한국어를 영어로 바꿔 써보는 연습을 하는 것이 좋다. 자신이 표현하고자 하는 바를 쓰거나 말하는 것이 언어를 배우는 궁극적인 목적이 아니겠는가.

언어 천재라고 불리는 개그맨 김영철 씨는 자신만의 비법을 가지고 있다고 한다. 바로 무작정 듣고 따라 하는 것이었다. 실제로 발음 교정 효과가 있을 뿐만 아니라 원어민과의 대화에서도 전혀 문제가 없었다고 한다. 여기서 한 가지 궁금증이 생긴다. 도대체 얼마나 반복해야 될까? 무려 100번씩 매일같이 3개월 동안 했다고 한다. 그러니 안 늘 수가 없다. 매일 한 페이지씩이라도 일기를 써서 영작 능력을 키우는 것도 좋은 방법이다.

듣고 따라 하는 것과 관련해서 흔히 섀도잉(shadowing)이라는 방법으로 소리 내어 읽는 것도 큰 도움이 된다. 섀도잉(shadowing)이란 그림자처럼 들리는 음성을 그대로 따라 말하는 방식이다. 실제 외국인 성우가 녹음한 음원을 들으며 최대한 똑같이 따라 해보는 것이다. 처음엔 당연히 어려울 수밖에 없다. 그래서 초반에는 속도를 늦춰 연습하다가 점차 빠른 속도로 진행하면 된다. 이때 주의할 점은 반드시 입 모양을 크게 해야 한다는 점이다. 그냥 웅얼웅얼거리는 식으로 하면 아무 소용이 없다. 만약 '아' 발음이면 입을 양옆으로 쫙 벌려서 크고 정확하게 발음해야 한다. 이렇게 원어민의 발음을 반복해서 듣고 따라 하다 보면 그들의 억양이나 강세, 리듬감까지도 익힐 수 있다. 이를 통해 현지인들과의 대화에서도 자신감 있게 말할 수 있고, 듣기 능력 또한 향상된다. 실제로 미국에서 유학 중인 한국 학생들을 대상으로 조사한 결과 10명 중 7명이 "외국어 학습 시 섀도잉 기법을 활용한다"고 답했다고 한다. 그럼에도 불구하고 여전히 섀도잉 기법이 어렵고 낯설게 느껴진다면 좋아하는 드라마나 영화 한 편을 선택해 천천히 그리고 꾸준히 도전해보자. 실제로 필자가 가르친 학생 중 교과서를 텍스트로 삼아 매일 하루에 15분~20분씩 섀도잉 기법으로 읽기 연습을 한 학생이 몇 달 사이 영어 실력이 눈에 띄게 향상되는 것을 본 적이 있다.

　필자가 지켜봐온 학생 중에 수학이나 이과 과목에는 뛰어난데 의외로 영어 성적이 낮은 학생들이 많다. 이는 외우는 걸 귀찮아해서 생기는 현상이라고도 볼 수 있다. 영어 암기 방법은 특별한 비법이 없다. 그냥 여러 번 반복해서 봐야 한다. 그 외엔 달리 방법이 없다. 그렇다면 얼마나 자주 봐야 할까? 최소 3번 이상은 보아야 한다. 그리고 한 번 적고 끝내는 게 아니라, 눈으로 보면서 입으로 발음하면서 손으로는 쓰면서 공부해야 한다. 책이나 교재를 선택할 때 자신에게 맞는 걸로 잘 골라야 한다. 너무 어렵거나 이해되지 않는 내용이라면 재미없고 지루할 뿐만 아니라 효율성도 떨어진다. 그러므로 쉽고 재미있는 걸 고르는 게 좋다.

　영어도 영어지만 필자가 느끼는 요즘 학생들의 가장 큰 문제 중 하나는 문해력이 부족하다는 점이다. 영어사전에서 'superficial'이라는 단어를 찾아 '피상적인'이라는 뜻을 알게 되어도 '피상적인'의 의미가 무엇인지를 모른다. 국어사전을 동시에 펼쳐놓고 수업을 해야 할 판이다. 한국어 문장을 읽어도 그 문장이 무엇을 뜻하는지 제대로 알지 못하니 문제를 해결하기 어렵다. 영어 공부 이전에 평소 책을 읽고 자신의 생각을 정리하는 활동을 꾸준히 해서 문해력을 높이는 것이 무엇보다 중요하겠다. 우리나라 말조차도 의외로 어려운 단어 혹은 헷갈리는 맞춤법 및 띄어쓰기에 어려움을 겪는 학생들이 많다. 일단 기본적으로 알고 있어야 하는 문법 사항(띄어쓰기, 맞춤법 등)을 익혀야 한다. 우리나라 말에 대한 이해가 바탕이 되었을 때 영어 실력도 는다. 그러니 평소 독서를 통해 어휘력을 향상시키는 것이 중요하다.

서술형 평가에 대비
방학에는 그 학년에서 배운 어휘와 문법 꼼꼼하게 다지기

중학교 1학년 영어의 수행평가는 학습한 내용을 형식을 갖춰 상황에 맞게 활용할 수 있는가를 보는 경우가 대부분이다. 영어 수행평가의 경우 과정 중심평가로 주로 이루어져서 수업 내용만 잘 따라가도 좋은 점수를 잘 받을 수 있으니 수업 시간에 집중해서 듣고 그날 배운 것은 그날 다시 한 번 보면서 복습하는 것을 습관화하는 것이 필수다. 중학교 2학년부터 치르는 지필평가는 교과 단원에 제시된 주요 개념과 문법 등을 선택형과 서답형 문항으로 평가하게 된다. 핵심 내용을 비롯해 각 어휘가 문맥에서 어떻게 활용되고 적용되는지 등을 이해하고 암기하는 과정이 요구된다. 중학교 1학년 자유학기(년)제의 경우 수업 시간 안에 교사가 학생들을 관찰하고 개개인의 강점까지 고려해 결과를 서술형으로 기재하다 보니 매우 후하게 평가하는 경우가 많다. 그러다 2학년에 올라가 지필고사와 수행평가가 점수화돼 성적이 산출되고 자신이 기대한 만큼의 결과가 나오지 않아 좌절하기도 한다. 이를 방지하려면 방학 중에는 무엇보다 1학년 때 배운 내용을 점검하는 것이 중요하다. 2학년 때 치르

는 지필평가는 사실상 1학년 범위 전체를 포함하고 있기 때문이다. 특히 과거 · 현재 · 미래 진행형 등의 시제와 조동사 · 부정사 · 동명사 · 형용사 비교 등 1학년 과정의 영어 문법은 2학년 영어를 배우는 데 필요한 기초체력과 같다. 교과서를 기본으로 살피되 수준에 맞는 교재를 한 권 선택해 반복적으로 학습할 것을 권한다. 여력이 된다면 2학년에 배울 교과서를 한 학기 정도 예습해보는 것도 좋다. 그러나 이때도 본문 내용과 핵심 문장의 뜻, 문법과 어휘까지 꼼꼼하게 봐야 한다. 그냥 눈으로 훑고만 지나간다면 안 하느니만 못하다. 이는 중학교 2학년, 3학년 방학에도 마찬가지로 적용되는 이야기다. 이에 더해 어휘력 확장을 위한 단어 암기, 동사 변화표 암기 등도 충실히 해두어야 한다. 하지만 무턱대고 공부만 하면 흥미를 잃고 지치기 쉽다. EBS 영어 프로그램이나 영화, 동화책 등 자신이 좋아하는 방법을 찾는 것이 좋다. 언어는 '꾸준히'가 생명이니 지치지 않고 꾸준히 할 수 있는 방법을 찾는 것이 중요하겠다.

◎ 선경쌤의 중학교 생활 가이드 ◎

영어 공부는 몰아서 하기보다는 매일 10분씩이라도 꾸준히 반복하는 것이 핵심입니다. 서술형 평가에 대비하기 위해서라도 평소 꾸준한 독서가 필요합니다. 방학 중에는 선행을 하는 것도 중요하지만 그 학년에서 꼭 알아야 할 어휘나 문법을 꼼꼼하게 짚고 넘어가야 합니다.

1. 2025년부터 적용되는 '2022 개정 교육과정' 최소한 이것만은 알자!

2022 개정 교육과정은 현행 2015 개정 교육과정에 이어 공교육의 설계도가 될 예정이다. 총론의 주요 개정 방향은 다음과 같다. 첫째, 미래 사회에 대응할 수 있는 능력과 기초 소양 및 자신의 학습과 삶에 대한 주도성을 강화한다. 이를 위해 여러 교과를 학습하는 데 기반이 되는 언어, 수리, 디지털 소양 등을 기초소양으로 하여 교육 전반에서 강조하고, 디지털 문해력(리터러시) 및 논리력, 절차적 문제해결력 등 함양을 위해 다양한 교과 특성에 맞게 디지털 기초소양 반영 및 선택 과목을 신설했다. 둘째, 학생들의 개개인의 인격적 성장을 지원하고 구성원 모두의 행복을 위해 공동체 의식을 강화한다. 기후 · 생태환경 변화 등에 대한 대응 능력 및 지속가능성 등 공동체적 가치를 함양하는 교육을 강조하고, 다양한 특성을 가진 학생이 차별받지 않도록 지원하고, 지역 · 학교 간 교육 격차를 완화할 수 있는 지원 체제를 마련하였다. 셋째, 학생들이 자신의 진로와 학습을 주도적으로 설계하고, 적절한 시기에 학습할 수 있도록 학습자 맞춤형 교육과정을 마련한다. 지역 연계 및 학생의 필요를 고려한 선택 과목을 개발 · 운영할 수 있도록 학교자율시간을 도입하고, 학교급 간 교과 교육과정 연계, 진로 설계 및 탐색 기회 제공, 학교생활 적응을 지원하는 진로연계교육의 운영 근거를 마련하였다. 넷째, 학생이 주도성을 기초로 역량을 기를 수 있도록 교과 교육과정을 마련한다. 교과

별로 꼭 배워야 할 핵심 아이디어 중심으로 학습량을 적정화하고, 학생들이 경험해야 할 사고, 탐구, 문제해결 등의 과정을 학습 내용으로 명료화하여 교수 · 학습 및 평가 방법을 개선하였다.

2024년 초등학교 1~2학년, 2025년 중 · 고교 1학년부터 연차적으로 적용돼 2026년이면 초등학교 전 학년, 2027년이면 초 · 중 · 고 전 학년이 2022 개정 교육과정에 따라 수업을 듣게 된다. 총론 주요사항 시안을 보면, 2027년 중학교 신입생부터 '자유학년제' 대신 '자유학기제'가 적용된다. 자유학기제는 한 학기 동안 중간 · 기말고사를 보지 않고 체험 및 진로교육에 집중하는 시기로 2016년 모든 중학교에 도입됐다. 이후 초 · 중등교육법 시행령이 개정되면서 2018년부터는 이 기간을 1년으로 늘릴 수 있게 됐는데 현재 전국 대부분의 중학교가 '자유학년제'를 운영하고 있다. 하지만 너무 이른 나이의 진로체험활동이 실효성이 있느냐는 지적이 제기됐고 학부모들 사이에서는 시험을 치르지 않아 학력이 저하되는 것 아니냐는 우려도 존재한다. 이에 2025년부터는 한 학기에 102시간(기존 170시간)만 자유학기로 운영하고 편성 영역도 주제선택 · 진로탐색 · 예술체육 · 동아리 활동 등 4개를 주제선택 · 진로탐색 영역으로 통합했다. 대신 교육부는 학교급이 전환되는 시기에 맞춰 진로연계 교육을 강화하기로 했다. 초등학교 6학년 2학기, 중학교 3학년 2학기, 고등학교 3학년 2학기를 '진로연계학기'로 운영하고, 상급 학교에서 새롭게 경험하게 될 자유학기, 고교학점제에 대한 이해를 도울 예정이다. 중학교 3학년의 경우 희망 진로를 구체화하고 미리 고교 선택과목 설계를 해보는 기회를 이때 가질 수 있을 것으로 보인다.

　초등학교에도 처음으로 선택과목이 도입되는 등 다양한 변화가 예고 된다. 단위 학교의 교육과정 편성 · 운영의 자율권이 확대되면서 매 학기 68시간 범위 안에서 학년별로(3~6학년) 선택과목을 신설할 수 있게 된 다. 1~2학년의 경우 한글 익힘 학습과 실외놀이 · 신체활동이 강화된다. 한편, 2022 개정 교육과정은 모든 교과에 걸쳐 생태전환교육, 민주시민 교육, 디지털 기초소양을 강화할 예정이다. 디지털 기초소양 강화와 더 불어 정보교육이 강화되는데 초등은 34시간, 중학교는 68시간까지 권장 하고 고등학교는 선택과목 2개가 추가된다. 직업계고 교육과정에는 전 문공통과목으로 '노동인권과 산업안전보건'을 신설하는 등 노동인권 · 안 전의 중요성을 더욱 강조한다.

참고자료: https://www.hani.co.kr/arti/society/schooling/1020636.html

　　　　https://blog.naver.com/moeblog/222962605779

2. 생활기록부에는 어떤 내용들이 기재될까?

고입이나 대입의 주요 평가 요소로 알려진 학생부. 하지만 평가 요소에 앞서 학생부는 학생의 학교생활을 담은 기록이다. 학교에서 자녀가 어떤 활동을 했는지 무엇을 공부했는지에 대한 자세한 설명이 담겨 있다. 학생부 항목을 알아두면 앞으로 중학교 생활이 어떻게 전개될지 엿볼 수 있다. 초보 학부모를 위해 학생부 내용을 간단히 안내한다.

인적 · 학적 사항

학생 생년월일, 주소 등 인적사항에 대한 항목.

출결 상황

결석, 지각, 조퇴, 결과 – 성실성을 보여주는 항목.

고입 과정에서 미인정 결석 일수에 따라 감점이 될 수 있는 요소다. 미인정 조퇴 3번은 결석 1번에 해당한다.

수상 경력

교내대회 수상만 기록 가능하다. 수상 기록이 내신 성적에 반영되는 방식은 시 · 도교육청과 학교에 따라 조금씩 다르다.

창의적 체험 활동 상황

자율 활동, 동아리 활동, 봉사 활동, 진로 활동으로 구성. 흔히 '자동봉

진'이라고 한다. 학생자치회가 자율 활동에 속한다. 체험학습은 학교에 따라 자율 활동이나 진로 활동에 기록. 봉사 활동 권장 시간은 시·도교육청 별로 다르며 권장 시간만큼 하지 않으면 고입 내신에서 감점된다.

교과 학습 발달 상황

학기당 교과 성취도와 원점수, 과목 평균, 표준편차, 세부능력 및 특기사항(세특, 교과 교사가 학생의 해당 교과에 대한 지적 성장 내용을 기록)으로 구성된다. 과고·자사고·외고·국제고 등 별도 입시를 치르는 고교에서는 이 항목에서 성취도와 세특만 평가하고 학생의 상대적 위치를 알 수 있는 원점수, 과목평균, 표준편차는 반영하지 않는다.

자유학기 활동 상황

각 학생의 자유학년제 활동 내용이 1천 자 이내로 학생부에 기록된다. 수학신문반에서 '4D 프레임으로 정다면체를 만들어보면서 정다면체가 5가지인 이유를 찾고 설명함' 등으로 기재된다.

독서 활동 상황

책 제목과 지은이만 기록된다. 학생이 고입에 지원할 때 자기소개서의 소재로 활용하거나, 해당 학교가 면접 평가 자료로 쓸 수 있다.

행동 특성 및 종합 의견

학생을 1년 동안 관찰한 후 담임 교사가 학년말에 작성한다. 세특을 통해 학생의 학업, 탐구 역량을 알 수 있다면 행동 특성 및 종합 의견으로 학생의 인성 부분을 엿볼 수 있다.

Tip 학생부는 언제, 어디서 볼 수 있나요?

학생부는 나이스(www.neis.go.kr) 학부모 서비스를 통해 열람할 수 있다. 성취도·세특 등은 학기가 끝난 이후 열람할 수 있다. 행동 특성 및 종합 의견은 1년에 한 번 기록되므로 학년말 이후 확인할 수 있다. 학부모가 오류를 발견해 정정을 원한다면, 절차에 따라 정정 요청을 하면 된다.

3. 중학교 배정에도 원칙이 있다

□ 추첨 배정

1. 1차 배정: 50% 희망 배정

학교별 입학정원의 50%(체육특기자 등 우선 배정자 포함)는 당해 학교 제1지망자 중에서 무작위 추첨 배정하고, 제1지망자가 입학정원의 50%에 미달될 경우에는 제2지망자를 대상으로 무작위 추첨 배정하되, 제2지망자를 대상으로 추첨 후에도 미달될 경우 2차 배정에서 충원

2. 2차 배정: 50% 일반 배정

학교별 입학정원의 50%는 행정동 및 통별 학생 분포도 및 학교 수용시설 여건 등을 고려하여 다수 학생들의 교통편의를 감안한 공익우선의 원칙에 의해 추첨 배정

* 제2지망은 '1차 배정 시 제1지망 학생이 부족한 경우가 발생한 때에 한하여 이용되는 자료로 대학 입학의 2지망 개념과는 다르다. 그러므로 1, 2지망교가 아닌 제3의 학교에 배정될 수 있다.

3. 우선배정

체육특기자, 지체부자유자, 특수교육대상자, 다자녀가정(3자녀 이상), 장애부모 자녀, 가장위력보호아동, 국가유공자녀(2018년 추가)는 심사를 거쳐 선정이 되면 지망한 학교에 우선 배정하며, 심사 결과 탈락한 자는

배정원서를 다시 제출하여 일반 학생과 같이 추첨 배정을 한다.

Q&A

Q 원하는 중학교에 배정을 못 받으면 이사를 가면 선호 중학교에 갈 수 있나요?

A: 학교군 내에서는 이사를 가도 재배정을 받지 못합니다. 학교군을 달리하여 이사해야 합니다.

Q 주민등록상 주소와 현재 살고 있는 주소가 다릅니다. 현재 살고 있는 곳에서 중학교 배정을 받고 싶어 한다면 어떻게 해야 하나요?

A: 전 가족이 주민등록상의 주소지에 실제 거주해야 합니다. 주민등록이 안 되어 있는 주소로는 어떤 서류를 제출하셔도 배정이 불가능합니다.

Q 학생 배정이 끝난 후에는 학교군 내에서 학교 간 전학이 허용됩니까?

A : 배정받은 학교가 마음에 들지 않는 등의 이유로 바꿔달라고 이의를 제기하거나 이를 이유로 전학을 요구해서는 안 되며 요구한다고 해도 절대 허용되지 않습니다.

※ 거주지 위장 전입 발견 시 조치사항

- 입학 전에는 배정을 취소하고, 실거주지가 속한 학교군의 가장 가까운 중학교에 재배정
- 입학 후에는 실거주지가 속한 학교군의 가장 가까운 중학교에 정원 범위 내에서 전학 조치
- 학부모는 사법기관에 고발조치(주민등록법 제37조: 3년 이하의 징역 또는 1천만 원 이하의 벌금)

참고자료: 자녀교육 가이드북(2023)

A Guide for
Middle School
Students

제3장

중학교 적응을 위한
기초체력을 다져라

1

문해력 없으면 중학교 공부 못 한다

시험문제를 이해하지 못해 오답을 쓰는 학생들이 많아요!

수학 선행을 가뿐히(?) 해내고 원어민과 술술 대화할 만큼 영어를 잘하지만, 정작 우리말을 읽고 이해하는 데 어려움을 겪는 중학생이 많다. 글을 읽고 이해하는 '문해력'이 부족해서다. 똑똑한 줄 알았던 아이가 정작 제 학년 시험문제를 이해하지 못해 오답을 쓰는 경우가 발생하고 있다. 학생들을 가르치다 보면 웃지 못할 에피소드가 한두 개가 아니다. 기말고사를 앞둔 어느 날 학생들에게 자습을 줬다. 수업하는 것보다 자습시키는 것이 더 힘들 때도 있다. 학생들이 스스로 공부하는 능력이 없기 때문에 공부하라고 시간을 주면 어찌해야 할 바를 모른다. 필자는 자습하는 방법을 가르치는 것도 공부라고 생각하기에 시험 전에는 항상 교과서와 선생님이 수업 시간에 나누어준 활동지를 스스로 꼼꼼하게 살펴보라

고 한다. 꼭 영어가 아니라도 좋으니 필요한 공부를 하라고 했더니 삼삼
오오 모여 교과서를 펼쳐 서로 질문도 하면서 공부하기 시작했다. 멍 때
리는 아이가 없어 기특해 하던 그때에… 한 학생이 질문을 했다.

"선생님, 월드컵하고 올림픽하고 차이가 뭐예요?"
"열린 정부는 무슨 뜻이죠?"
"아, 나 큰일 났어. 사회책 읽는데 한 문장에 들어 있는 단어 뜻을 하나
도 모르겠어."
평소 영어 시간에도 영어 실력이 문제가 아니라, 학생들 한국어 실력
이 떨어지는 것이 더 문제라고 생각하던 나였기에 그런 질문과 학생들끼
리 주고받은 대화를 듣고는 충격적이면서도 '아, 그래. 내가 생각하던 그
대로구나.' 아이들에게 어휘에 대한 기초가 없음을 다시 한 번 확인하는
순간이었다.

"선생님~ 필자가 누구예요? 이 글에서 필자가 어디 나와요?" 영어 시
간 단원평가 문제를 풀 때, '윗글을 읽고 필자의 의도로 가장 알맞은 것을
고르시오.'라는 문제를 읽고 학생이 한 질문이다. 영어 지문을 해석 못 하
는 것이 문제가 아니라, 시험문제의 발문 자체를 이해 못 하는 학생들이
많다. 중간 기말고사 평균을 놓고 봐도 학생들이 가장 어려워하는 과목
중에 하나가 국어다. 국어 시험은 시간이 부족해서 서술형 답을 미처 다
쓰지 못 하거나 반대로 서술형부터 답안을 작성해놓고 객관식을 OMR
카드에 마킹은 아예 하지도 못해서 시험을 망치는 경우가 종종 있다. 그

만큼 학생들이 긴 글을 읽어내는 능력이 떨어지고 어휘력이 많이 떨어진다는 증거이다. 아이들의 질문이 나에게는 참 황당한데 학생들끼리는 너무나도 자연스러운 질문이라는 태도를 보고는 세대 차이를 느끼기도 한다.

문해력이 떨어지면 과목 관계없이

서·논술형 문제에서 고득점을 얻기 힘들다!

책 한 권을 읽더라도 자기 생각과 느낌에 집중하며 읽어라!

비단 영어뿐만 아니라 시험문제를 이해하지 못해 오답을 쓰는 중학생이 적지 않다. 단어의 뜻을 모르거나 문장을 이해하지 못하는 경우가 대부분이다. 필자가 든 위의 사례들에서처럼 공부의 밑천이자 기본기에 해당하는 '어휘'가 부족하면 글의 의미를 이해하는 문해력은 떨어질 수밖에 없다. 특히 '~의 예로서 낱말 3개를 제시하시오.' 같은 주관식 문제에서 '단어'의 또 다른 말인 '낱말'의 뜻을 몰라 답을 적지 못하는 학생도 있다. 필자가 낸 영어 시험에서도 '7단어 이내로 쓰시오.'라는 발문을 이해하지 못해 질문을 하는 학생이 상당수이다. '단어'의 개념조차 없는 것이다. 문장 이해력이 떨어지면 과목에 관계없이 서술형·논술형 문제에서 고득점을 얻기 힘들다. 답안 작성 시 조건을 제시하는 경우가 많은데 조건에 맞춰 답을 적지 않으면 감점당할 수밖에 없다. 하나의 문제에서 두 가지를 묻는 경우도 있으므로 문제의 의미를 정확히 이해해야 정답을 적을 수 있다.

중학교뿐만 아니라 고등학교 수능에서도 좋은 성적을 얻으려면 문해력은 필수다. 주어진 글을 읽고 이해하는 능력이 없으면 문제를 풀지 못한다. 이런 문해력을 기르기 위해서는 책을 많이 읽어야 하는데 무턱대고 많이 읽기보다는 책을 읽고 주어진 단락의 핵심어를 찾는다거나 주제문을 찾는 등 읽고 이해하는 능력을 기르는 연습을 해야 할 것이다. 처음에 책 읽기에 관심이 없는 학생들에게는 길이가 짧은 글을 소리 내어 읽는 것도 한 방법이겠다. 독해력이 단순히 글을 읽고 이해하는 데 그친다면, 문해력은 글을 읽은 뒤 자기만의 언어로 '재해석'하는 힘을 말한다. 흔히들 문해력을 기르는 방법으로 독서를 꼽지만, '단순한 읽기'는 중요하지 않다. 학년이 올라갈수록 다독보다는 정독에 무게를 둬야 한다는 게 전문가들의 조언이다. 시간 부족 등 현실적 제약 때문에 많은 양의 독서가 어렵다면 '여러 번의 독서'도 좋다. 자기가 좋아하는 영화나 애니메이션과 연결해 책을 한 권 정하고 심심할 때마다 펼쳐 보는 것이다. 읽을 때마다 새로운 내용을 찾을 수도 있고, 이전과는 다른 시각을 갖게 되기도 한다. 이런 경험을 반복하면 문해력을 쌓는 데 도움이 된다. 한 권을 읽더라도 자기 생각과 느낌에 집중하며 읽거나, 좋아하는 책이나 글귀를 옮겨 적는 필사도 추천할 만하다. 중학생 시기에 문해력을 더 깊이 다지려면 글에서 하는 말을 '비판적'으로 받아들이는 훈련 또한 필요하다. 글의 흐름을 보고 질문을 던지면서 글의 방향을 예측해보는 것이다.

신문 기사에서 "한국 청소년 '디지털 문해력'마저…OECD 바닥권"이라는 제목에 시선이 머물렀다. 전자기기 이용 능력은 뛰어나지만 미디어 콘텐츠 판별 능력은 부족하다. 공교육을 통해 어릴 때부터 디지털 정보 진위 판단하는 힘을 길러야 한다는 내용의 기사였다. 이렇게 학생들의 문해력이 떨어진 원인을 다양하게 들 수 있겠지만, 스마트폰과 모바일 기기, 디지털 미디어인 SNS의 영향 등으로 청소년의 읽고 쓰는 능력이 약화된 면이 있다고 본다. 주변에서 제공하는 정보가 많을수록, 짧은 글을 읽을 때도 비판적 독해 습관이 중요하다. 최근에는 문자와 영상은 물론 미디어를 통해 전달되는 메시지의 맥락을 정확히 이해하고 활용하는 '미디어 리터러시 교육'도 강조되는 추세다.

◎ 선경쌤의 중학교 생활 가이드 ◎

문장 이해력이 떨어지면 과목 관계없이 서·논술형 문제에서 고득점을 얻기 힘듭니다. 답안 작성 시 조건을 제시하는 경우가 많아 조건에 맞춰 답을 적지 않으면 감점당합니다. 문해력 향상을 위해 책 한 권을 읽더라도 자기 생각과 느낌에 집중하며 읽는 것이 중요합니다.

2

문해력의 핵심, 독서 습관 어떻게 잡을까?

    독서를 많이 해야 문해력이 는다는 사실은 이미 몇 차례 이야기를 했다. 전문가들의 의견도 그렇거니와 22년 간 학생들을 가르쳐온 필자의 경험에 비추어 보아도 그렇다. 문해력을 키워야 하고 독서가 그 해답이라는 것에는 많은 사람들이 공감을 하면서도 정작 성인과 청소년 독서량이 다른 나라에 비해 턱없이 부족한 것이 우리의 현실이다. 문화체육관광부가 발표한 '2021년 국민 독서실태' 조사에 따르면 최근 1년(2020년 9월~2021년 8월)간 성인의 평균 종합 독서량은 4.5권으로 2019년 조사 때보다 3권 줄었다. 초·중·고교 학생은 연간 종합 독서량이 34.4권, 2019년보다 6.6권 감소했다. 독서하기 어려운 이유로는 성인은 '일 때문에 시간이 없어서'(26.5%), '다른 매체·콘텐츠 이용'(26.2%)을 주로 꼽았다. 학생은 '스마트폰, 텔레비전, 인터넷 게임 등을 이용해서'(23.7%)를 가장 큰 장애 요인이라고 답했다고 한다. 우리나라 학생들은 왜 이토록 책을 읽지 않는 걸까? 부모님부터 자녀교육에 대한 인식 변화가 우선되어야 하지 않을까 생각한다. 좋은 대학 입학이라는 목표에만 집중할 것이 아니라 진로 탐색 및 자아 성장 측면에서 독서교육을 바라봐야 한다는 것이다.

부모부터 솔선수범 TV 대신 독서하는 모습을 보여라!

지금부터라도 아이들의 문해력 향상을 위해 노력해야 할 것이다. 어떻게 하면 좋을까? 해답은 간단하다. 우선 부모님부터 모범을 보여야 한다. 평소 TV 대신 독서를 하고, 스마트폰이나 컴퓨터보다는 종이책을 가까이 해야 한다. 미국 이스트 워싱턴 대학의 바버라 브룩 박사는 385가구를 대상으로 텔레비전을 보지 않았을 때 나타나는 가정의 변화를 조사했다고 한다. 텔레비전을 없앤 집 자녀의 51%가 전 과목 A를 받았는데, 부모들 중 83%가 '텔레비전을 없앤 효과'라고 밝혔다. 텔레비전을 안 보게 되었을 때 대신하는 활동으로는 독서가 1위였고 놀이, 취미 생활, 운동 등이 뒤를 이었다. 조사 대상자의 85%는 가족과 함께 보내는 시간을 늘렸다고 한다. 대부분의 유대인 가정의 거실에는 텔레비전이 없고 책이 가득 들어찬 책장, 앉아서 책을 읽고 토론할 수 있는 책상과 의자가 있다. 자녀는 부모를 보고 그대로 따라 할 것이기 때문에 부모가 먼저 텔레비전 시청보다는 독서와 토론, 대화를 실천한다고 한다. 이왕이면 다양한 주제와 장르의 책을 읽어보도록 하는 것이 좋다. 그럼으로써 자연스럽게 어휘력과 표현력 등을 키울 수 있을 것이다. 또한 동화책 읽기를 통해 자녀에게 상상력과 창의력을 길러주는 것도 좋은 방법이다. 모르는 단어가 나오면 사전을 찾아보거나 국어사전 앱을 활용하여 뜻을 찾아보는 습관을 갖도록 지도하는 것이 좋다. 어쩌면 이런 사소한 노력만으로도 우리 아이들의 언어능력 향상에 큰 도움이 될 수 있다.

　중2병에 걸린 학생들이 무섭다는 표현이 흔히 사용되지만 요즘 학생들은 이른 시기에 사춘기를 겪는다고 한다. 한 설문조사 결과 초4~초6 사이에 사춘기를 겪었다는 응답자가 전체의 절반 가까이 되었다. 그렇다면 왜 과거보다 어린 나이에 사춘기를 겪게 된 걸까? 전문가들은 미디어 노출 빈도 증가 및 부모와의 대화 단절 등 사회문화적 요인 변화를 원인으로 꼽는다. 실제로 필자도 어렸을 적 TV나 컴퓨터 게임 같은 미디어 매체보다는 밖에서 뛰어노는 걸 좋아했지만 어느 순간부터 아이들은 집에서 혼자 보내는 시간이 많아지게 됐다. 자연스럽게 가족과의 대화도 줄어들었다. 우리나라 교육 현실상 입시 준비에만 몰두하다 보니 다른 활동엔 관심을 가질 여유가 없기 때문이다. 그렇다 보니 자연스레 성적 스트레스만 쌓여가고 또래 집단 내에서의 갈등 또한 발생할 수밖에 없다. 따라서 점점 개인주의 성향이 강해지고 서로 간의 소통이 줄어들면서 상대적으로 일찍 사춘기를 맞이하게 되는 것이 아닌가 생각한다. 이러한 문제해결을 위해서는 가정에서부터 시작되는 올바른 자녀교육이 중요하다고 할 수 있다. 그럼 어떻게 해야 할까? 우선 하루 10분이라도 자녀와 눈을 맞추고 이야기하며 공감대를 형성해야 한다. 그리고 스마트폰 사용량을 줄이고 독서량을 늘려 지적 능력 향상뿐만 아니라 정서 발달에도 신경 써야 한다. 마지막으로 학부모 스스로 모범이 되어 솔선수범하는 모습을 보여줘야 한다. 부모님의 행동 하나하나가 아이들에게 본보기가 되기 때문이다.

독서의 필요성과 독서 습관 만드는 방법

독서는 누구에게나 중요하지만, 교사에게 책은 자습서나 마찬가지라고 생각한다. 책을 읽으면서 자아를 성장시킬 뿐만 아니라 자신에게 적용해보고 좋았던 것을 학급경영과 수업에도 적용할 수 있기 때문이다. 필자가 학급경영에 적용하고 있는 '오늘의 한 줄'이나 '성장일기'도 모두 책에서 아이디어를 얻은 것들이다. 모두가 좋은 것은 알고 있지만 실천하기는 쉽지 않다 보니 매년 새해 다짐 중 빠지지 않고 등장하는 것이 독서량 늘이기다. 어떻게 하면 독서를 꾸준하게 실천할 수 있을까? 꾸준한 독서를 하기 위해서는 독서의 필요성부터 생각해 봐야 한다. 필자가 생각하는 독서의 필요성은 다음과 같다.

1. 독서는 자신을 찾아 행복해지는 길이다. 독서는 나를 알아가는 과정이다. 책 내용을 실천하거나 그것에 빗대어 자신을 알아갈 수 있다. 스트레스가 완화된다.
2. 생각하는 시간을 가질 수 있다. 독서는 생각을 이끄는 좋은 도구다. 자신을 위한 독서 시간, 즉 생각하는 시간을 정해두지 않으면 다른 일에 떠밀려 자신의 발전을 위한 시간 없이 하루를 마감하게 된다.

생각하는 능력이 발달하면 집중력이 강화된다.

3. 간접경험을 통해 성장할 수 있다. 지식 축적 및 창의력을 향상시킬 수 있다. 책에는 저자의 인생이 담겨 있다. 간접경험으로 자신의 부족함을 인지할 때 발전 의지가 생기고 변화에 대한 간절함도 생긴다. 저자와 깊이 공감대를 형성하면서 책을 읽고, 그 내용을 실천하여 내 것으로 만드는 과정에서 개인은 성장한다. 그러기 위해서는 거듭해 읽는 과정이 필요하다.

4. 독서를 통해 어휘력이 증진된다.

5. 뇌 기능이 활성화된다.

6. 시간 관리 능력이 향상된다. 하루 중 일정 시간을 독서에 투자한다는 자체가 시간 관리의 시작이다.

필자가 독서 습관을 들이기 위해 시도해본 방법을 소개한다.

1. 매일 정해 놓은 양을 읽는 것부터 시작한다. 하루 두 페이지도 괜찮다.

2. 하루의 1%, 15분 동안 책을 읽는다. 물론 시간 가는 줄 모르고 몰입해서 책을 읽는다면 큰 행복감을 느낄 수 있을 것이다.

3. 마음에 와 닿는 문장을 적고 자기 생각이나 느낌을 적어본다. 이는 자기 경험과 책 내용을 연결하는 중요한 행위다.

4. 혼자 읽지 말고 모임을 구성해 여럿이 함께 읽는다. 혼자 하면 쉽게 지치지만 함께하면 지속할 힘을 얻을 수 있다.

5. 아침 일찍 하는 새벽 독서를 추천한다. 새벽 1시간은 낮 3시간에 버

금가는 효율성이 있다고 한다. 그만큼 새벽 시간에는 집중력이 높아진다. 새벽 기상을 통해 자존감도 높일 수 있다.

6. '나만의 베스트셀러 책장'을 만들어본다. 독서에 흥미를 붙이기 위해서는 환경 설정도 중요하다. 필자는 다음과 같이 나만의 베스트셀러 책장을 꾸며보았다. 우선 책장에 있던 기존의 책들을 다 치웠다. 그리고 최근에 읽은 책 중 재독하고 싶은 책들로 가장 위 칸을 채웠다. 두 번째 칸은 교육공동체에서 함께 읽을 필독서를, 세 번째 칸은 좋아하는 작가의 책으로 정리했다. 이렇게 정리를 마치니 좋아하는 책을 수시로 꺼내볼 수 있게 되어 마음의 안정감도 찾을 수 있었다.

7. 책 리뷰를 써본다. SNS, 개인 플랫폼을 활용하여 리뷰를 남기는 것도 좋다. 책을 매일 조금씩 읽고 혹은 완독 후 리뷰를 통해 자기 생각을 키워나갈 수 있다. 글을 쓰기 싫은 날에는 사진이라도 남기자. 그러면 나중에 자신의 기록물을 확인할 수 있다. 독서 후 리뷰를 남기는 방법은 매우 다양하다. 좀 더 구체적으로 알아보자.

첫째, '나만의 인용구 베스트 3' 정리와 별점 주기다. 많은 내용을 정리하기 힘들 때는 '나만의 인용구 베스트 3'만 정리해본다. 그러나 이마저도 힘들다면 읽은 책에 대해 간단하게 별점을 주는 것도 괜찮다. 이런 리뷰 쓰기 활동을 지속하면 연간 독서량을 파악하기 쉽다.

둘째, '본깨적' 쓰기다. '본깨적' 쓰기를 통해 책 내용을 내 것으로 만들고 생각을 키운다. 본깨적은 본 것과 깨달은 것, 그리고 적용할 것을 말한다. '본 것'은 작가가 한 말을 그대로 베껴 쓰는 것이고, '깨달은 것'은 읽은 것에서 깨달은 점, 느낀 점을 작성하는 것이다. 마지막으로 '적용할 것'은 바로 실천할 것을 정리하는 것이다.

셋째, '씽크와이즈'를 활용한 독서 노트 기록이다. 독서 후 책의 내용을 정리할 때 온라인 마인드맵 프로그램을 사용할 수도 있다. 마인드맵으로 정리하면 책 내용이 시각화되어 구조적으로 분석하기가 더 쉬워진다.

올바른 독서 습관을 기르기 위해서는 다음과 같이 하라고 전문가들은 조언하는데 평소 필자의 생각과 크게 다르지 않다.

1. 독서하기 좋은 환경을 만들어야 한다. 언제 어디서나 책을 손쉽게 뽑아 들고 볼 수 있는 곳에 책을 둔다. 포근하고 깨끗한 독서 공간을 특별히 마련하는 것도 좋다. 지속적으로 책장과 공간을 새롭게 바꾸어 준다.

2. 수준에 맞는 책을 골라야 한다. 자녀의 어휘력과 독해 수준에 맞는 책을 선택한다. 아이에게 선택권을 주고 선택에 대한 책임을 맡긴다. 좋아하는 책을 충분히 읽게 한 후 새롭고 다양한 책을 읽도록 도와준다.

3. 부모가 책 읽기의 모델링이 되어야 한다. 부모가 책을 가까이 두고 즐거워하면 아이들은 가장 빠르게 배운다. 부모에게 선물 받은 책, 함께 산 책, 엄마가 읽어준 책을 통해 책에 대한 좋은 감정을 갖게 되며 이것이 책읽기로 이어진다.

4. 글쓰기와 토론을 생활화해야 한다. 독서량이 많은 사람이 글을 잘

쓰지만 다 그런 것은 아니다. 토론을 통해 자신의 생각을 충분히 표현한 후 글 쓰는 기회를 갖게 하는 것이 좋다.

"토론은 부드러운 사람을 만들고, 글쓰기는 정확한 사람을 만들며, 독서는 완전한 사람을 만든다." -프랜시스 베이컨

◎ 선경쌤의 중학교 생활 가이드 ◎

문해력 향상을 위해서는 독서가 필수입니다. 우선 부모님부터 모범을 보여야 합니다. 평소 TV 대신 독서를 하고, 스마트폰이나 컴퓨터보다는 종이책을 가까이 합시다. 부모의 행동 하나하나가 아이들에게 본보기가 됩니다. 자녀들 앞에서 책을 읽고 글 쓰는 모습을 보이도록 합시다.

3

필사와 초서로 문해력을 키우자

　모방은 창조의 어머니라고 했다. 잘 쓴 글을 베껴 쓰는 것을 통해 내 문장력을 끌어올릴 수 있다. 좋아하는 책이나 글귀를 옮겨 적는 필사를 통해 학생들의 문해력을 높일 수 있다. 필자는 주기적으로 새벽 루틴으로 필사를 넣는다. 매일매일 좋은 문장들을 필사해보는 것은 문해력 향상뿐만 아니라 글쓰기 근육을 단련하는 데도 큰 도움이 된다. 앞서 서술형 평가에 대해 언급했다. 결국은 자신의 생각을 얼마나 잘 표현하는가가 관건이다. 매일 베껴 쓰는 과정을 통해 뇌에 흡수된 언어들을 어느 순간 끄집어내 잘 조합하면 그게 바로 나만의 멋진 문장이 된다. 글을 잘 쓰려면 많이 읽고 많이 쓰는 방법밖에는 없다. 수많은 글쓰기(책 쓰기) 강의와 책에서 이야기하고 있는 메시지는 한결같다. 잘 쓰고 싶으면 많이 써라. 그리고 많이 읽어라. 문제는 책을 많이 읽는다고 모든 사람이 글을 잘 쓰는 건 아니라는 사실이다. 그냥 읽기만 해서는 남는 게 없다. 책을 읽다 보면 어떻게 이런 멋진 표현을 썼을까 하며 부러웠던 경험 누구나 한 번쯤 있을 것이다. 하루아침에 이런 명문장이 만들어지는 것은 아니다. 글을 잘 쓰기 위해서는 명문장을 따라 쓰는 운동법이 필요하다.

필사는 가장 느리게 읽는 방식, 제대로 잘 읽는 훈련이 된다!

필사는 가장 느리게 읽는 방식이다. 글을 한 줄 한 줄 그대로 옮겨 쓰려면 우선 신중하게 읽게 된다. 제대로 잘 읽는 훈련이 된다. 섬세하게 단어와 문장, 행간까지 읽으며 작품을 음미하는 독서가 이루어진다. 느리게 읽어야만 보이는 것이 있다. 이것이 읽기와 쓰기의 밑거름이 된다. 문장력과 어휘력, 좋은 글쓰기의 감각은 하루아침에 늘지 않는다. 필사를 꾸준히 한다면 자신도 모르는 사이 고급 어휘, 좋은 문장에 대한 감각, 주제로 이끄는 맥락과 논리 구조를 파악하고 이를 활용하는 기술이 축적된다. 필사는 글쓰기의 감각을 키우기도 한다. 집중해서 최대한 정자로 베껴 쓰다 보면 단어가 입체적으로 다가오고 몰입을 경험하게 된다. 세밀하고 선명하게 장면이 그려지면서 저자의 문장이 살아 움직인다. 저자가 글을 쓸 때 느꼈을 그 감각을 느끼게 된다. 글을 베껴 쓸려면 글을 관찰하게 된다. 그러니 글뿐만 아니라 주변의 사물까지도 주의 깊게 관찰하는 습관이 생긴다. 집중력, 관찰력, 주의력 등을 끌어올릴 방법이 필사이다. 필사는 온몸이 기억하는 읽기와 쓰기의 기술이다. 모방에서 출발하지만, 몸으로 기억한 단어와 문장은 고스란히 나의 쓰기로 출력된다. 필사하면 전에 보이지 않던 문장이 보이기 시작한다. 그냥 내용 파악만

하고 넘어갔던 글들이 어느 순간 문맥이 보이는 읽기가 가능해진다. 눈으로만 읽던 읽기에서 손을 움직여 쓰는 과정을 통해 나의 뇌에 문장이 각인된다.

"소설을 베껴 쓰는 것은 백 번 읽는 것보다 나은 일, 마침표 하나도 똑같이 베껴 쓰고 구두점 하나, 띄어쓰기, 바른 정자로 또박또박 곱씹으며 쓰라." -소설가 조정래

"안도현 시인은 문장을 필사하는 것이 작가의 숨결을 따라 내쉬고 들이쉬는 것과 같은 것으로, 글도 고추장을 찍어 먹듯 손맛을 봐야 비로소 그 맛을 알게 된다고 강조한다. 평소 시를 가르칠 때 학생들에게 학기마다 약 100~200여 편의 시 필사를 과제로 내준다."
-〈한겨레 신문〉, 2010.11.06.

효과적인 필사 방법은 다음과 같다.
1. 하루 15분 필사할 시간을 정한다. 필사할 장소에 노트와 책을 놓아 둔다. 습관이 될 때까지 정한 필사 시간을 지키고 15분 필사 후 바로 인증해 스스로 성취감을 높인다.
2. 필사할 본문을 시간 날 때 미리 한 번 정도 눈으로 읽어둔다.
3. 필사 시간에는 정한 분량(1페이지 정도)을 최대한 정자로 정성껏 노트에 문장 그대로 옮겨 적는다. 모르는 단어나 생소한 어휘는 표시해두고 나중에 사전을 찾아보아도 좋다. 훌륭한 문장이나 인상적인

부분에 밑줄을 그어도 좋고, 노트 여백에 단상을 적어도 좋다. 컴퓨터로 필사하는 경우에는 소리 내어 읽으면서 타이핑하는 것이 좋다.

4. 글 전체를 필사하면 글의 형식, 구조, 문체, 어휘 등을 종합적으로 익히면서 작품의 특징을 내 것으로 삼기 좋고, 좋은 부분만 일부 발췌해 필사하고 자신의 느낌을 그 밑에 길게 적어두는 초서를 할 경우는 창의적 글쓰기 훈련이 된다. 문학 필사는 표현력을 풍성하게 하고 생각과 감정, 느낌을 자유롭게 표현하게 하는 훈련이 되며, 비문학 필사는 다양한 관점으로 세상을 보게 하고 간결하고 명확한 표현, 논리와 설득의 구조를 익힐 수 있다.

5. 보통 필사를 할 때 한 단어 한 단어를 보며 노트에 필사하는 경우가 많은데 그렇게 하지 말고 짧은 문장일 때 전체를 다 외워서 적어본다. 외워서 적는 순간에는 마치 내가 글을 쓰는 듯한 착각이 든다. 글을 베껴 쓰는 것이 아닌 나의 글을 창작하는 느낌을 받을 수 있다. 긴 문장인 경우는 반 정도의 길이를 외워서 먼저 적고 나머지 반을 외워 적어본다. 외우는 동안 나의 뇌에 한 번 각인되고 다시 손을 통해 필사하면서 한 번 더 흡수된다. 베껴 쓰는 글이 아닌 내가 진짜로 글을 쓰는 느낌이 든다.

이런 과정을 거치면 글을 읽으며 한 번, 외우며 한 번, 외운 문장을 끄집어낼 때 한 번, 손으로 쓰면서 한 번, 다 쓴 문장을 낭독하면서 한 번 여러 번 각인되는 효과가 있다.

초서는 책에서 필요한 정보를 발췌하여 그대로 옮겨 적은 후
자기 생각을 덧붙이는 독서 방식

초서란 책에서 필요한 정보를 발췌하여 그대로 옮겨 적은 후 자기 생각을 덧붙이는 독서 방식을 말한다. 초서하는 방법은 다음과 같다.

1. 무조건 좋은 구절에 밑줄을 치는 것이 아니라 '무엇 때문에 이 책을 읽는가? 이 책 가운데서 어떤 정보가 유용한가? 왜 그 정보가 있어야 하는가?' 등 자신의 주견(主見)을 정립한다.
2. 선택한 구절을 노트에 그대로 옮겨 적는다.
3. 옮겨 적은 구절에 대한 자기 생각을 덧붙인다.

"눈으로, 입으로만 읽지 말고 손으로 읽어라. 부지런히 초록하고 쉴 새 없이 기록해라. 초록이 쌓여야 생각이 튼실해진다. 주견이 확립된다. 그때그때 적어두지 않으면 기억에서 사라진다. 당시에는 요긴하다 싶었는데 찾을 수가 없게 된다. 열심히 적어라. 무조건 적어라."
─정민, 『다산선생 지식경영법』, 148쪽. 중에서

자기 생각을 쓰게 되면, 문장이 완전히 자기 것이 된다. 필자는 노트에 손으로 쓰기도 하고 블로그에 바로 필사하고 생각을 남기기도 한다. 필자가 작성한 초서 예시를 몇 가지 들어보려고 한다.

2022.4.11. 초서한 내용

(베껴 쓴 부분) "작가가 되고 싶다면 무엇보다 두 가지 일을 반드시 해야 한다. 많이 읽고 많이 쓰는 것이다. 이 두 가지를 슬쩍 피해 갈 방법은 없다. 지름길도 없다." —스티븐 킹, 『유혹하는 글쓰기』 176쪽

"책을 읽을 시간이 없는 사람은 글을 쓸 시간도 없는 사람이다. 한 번에 오랫동안 읽는 것도 좋지만 시간이 날 때마다 조금씩 읽어나가는 것이 요령이다." —스티븐 킹, 『유혹하는 글쓰기』 179쪽

"나는 소설이란 땅속의 화석처럼 발굴되는 것이라고 믿는다. 소설은 이미 존재하고 있으나 아직 발견되지 않은 어떤 세계의 유물이다. 작가가 해야 할 일은 자기 연장통 속의 연장들을 사용하여 각각의 유물을 최대한 온전하게 발굴하는 것이다." —스티븐 킹, 『유혹하는 글쓰기』 169쪽

(필자 생각) 어쩌면 글쓰기라는 것 자체가 '내 속에 숨겨져 있는 감정과 생각들을 화석을 캐내듯 발굴해 내는 과정이 아닌가!'라는 생각이 든다. 이미 내 안에 가지고 있는 수많은 가능성을 캐내는 과정, 캐낸 것을 들어 올리는 과정이 글쓰기인 것 같다. 어느 날은 생각이 많아진다. 내 생각이 머무는 그 지점은 아직 해결되지 않은 내 감정의 찌꺼기가 남아 있는 지점일 것이다. 글로 제대로 풀어낼 수 있을 때라야 그 생각과 감정이 제대로 해소되고 그제야 비로소 나를 괴롭히는 감정과 생각에서 온전히 벗어날 수 있는 것 같다. 생각하는 데도 기술이 필요하다. 머리에 쥐나도록

끝까지 한 가지 생각에 몰입해보는 경험을 했을 때 생각의 깊이가 깊어질 수 있을 것이다. 글쓰기도 마찬가지다. 무작정 쓰는 것이, 양을 늘리는 것이 초반에는 큰 도움이 되겠지만 글쓰기 실력을 높이기 위해 분명 필요한 연장들이 있다. 어휘, 문법, 문장 구성, 문단 구성 등의 기술적인 측면에 더하여 내 속에 들어앉아 있는 화석을 발견해내겠다는 의지, 내 속을 뒤집어 보이겠다는 용기 등 많은 연장이 동원되었을 때라야 내 속에 갇혀 있는 유물들을 최대한 온전하게 발굴할 수 있을 것이다.

◎ 선경쌤의 중학교 생활 가이드 ◎

필사는 가장 느리게 읽는 방식입니다. 글을 한 줄 한 줄 그대로 옮겨 쓰려면 우선 신중하게 읽게 되고 제대로 잘 읽는 훈련이 됩니다. 초서란 책에서 필요한 정보를 발췌하여 그대로 옮겨 적은 후 자기 생각을 덧붙이는 독서 방식을 말하는 것으로 자기 생각을 쓰는 연습을 하며 문장력이 향상됩니다.

4

독서, 자투리 시간으로도 충분하다

아무리 바빠도 책 읽을 시간은 있다!

『독서는 나를 절대 배신하지 않는다』에서 보면, '쇠뿔도 단김에 빼라, 기한 정해 놓고 읽기' 규칙이 있다. 이 규칙을 적용해서 1주일에 5권 이상 읽은 적이 있다. 무엇이든 마음먹고 생각하기 나름이라는 것을 깨달았다. 찾아보면 읽을 시간이 나더라. 쓸데없이 휴대폰 만지는 시간만 줄여도 하루에 30분 이상은 확보할 수 있다. 매주 일요일 오전 엉덩이로 책 읽기, 매주 월요일 저녁 9시 지인들과 줌을 켜놓고 책 읽기를 시도했다. 그것이 습관이 되다 보니 다른 요일에도 잠자기 전 30분 이상 책을 읽게 되었고 그만큼 독서량이 늘어났다. 독서량이 늘어난 요인을 한 가지 더 꼽자면, 읽어야 하는 의무감에 산 책뿐만 아니라 흥미가 있어 산 책을 먼저 손에 쥐고 읽다 보니 그만큼 빨리 읽히고 힐링도 되었다. 도파민이 분비될 때 읽으라는 말을 기억하고 실천했더니 확실히 효과가 있었던 것 같다.

2021년을 시작하면서 연간 독서량을 48권 이상으로 정했다. 100권 이상 읽으면 좋겠다고 생각하면서도 너무 높은 목표를 세우면 포기하게 될 것 같아서 한 달에 최소 2권으로 해서 48권을 기준으로 삼은 것이다. 실제로 2021년에 120권가량 읽었다. 참고로 2019년에 40권, 2020년에는 70권가량 읽었다. 완독한 책의 서평을 블로그에 꼭 기록하겠다는 야심 찬 계획을 세웠지만, 계획대로 100권 모두 서평을 남기지는 못했다. 순항하고 있던 독서량은 6월 이후 급격히 감소했다. 6월에 따로 준비하던 시험이 있어서 책 읽기를 멈추게 되었고 이후 다시 습관을 잡기가 쉽지 않았다. 역시나 습관을 들이는 건 힘들어도 무너지는 건 한순간이라는 사실을 뼈저리게 깨달았다. 여름방학을 이용해서 독서량을 만회해볼 생각이었으나 예상과는 달리 방학에 더욱더 게을러져서 그나마 유지하던 독서량도 유지하지 못했다. 백신접종으로 인한 체력 저하, 방학 때 손대기 시작한 드라마 몰아보기에 빠져 독서 시간 확보에 실패한 탓이 컸다. 그러던 중 100일 33권 읽기 프로그램에 도전하게 되었고 그 프로그램을 마칠 때는 연간 독서량을 이미 넘어서 있었다.

2019년에 비해 2021년이 더 여유가 있었던 것도 아닌데, 물리적으로 보면 더 바쁜 한 해를 보냈는데도 연간 100권 이상의 책을 읽을 수 있었던 것은 그만큼 자투리 시간을 잘 활용했기 때문이다. 새벽 기상 후 매일 최소 15분이라도 책을 꼭 읽으려고 노력했다. 출퇴근 시간 지하철과 버스를 이용하는 필자는 그 시간을 이용하거나, 주말에 한두 시간 공원 산책을 하면서도 오디오북을 들었다. 짧은 책은 하루 만에 다 듣기도 했다. 오디오북의 이점은 빠르기를 내가 조절할 수 있어서 보통 1.5배속 이상으로 듣다 보니 종이책으로 읽을 때보다 빨리 읽을 수 있다는 점이다. 책상 앞에 앉아 정독하며 읽어야 하는 책들도 있지만 음악 듣듯이 가볍게 읽는 책들도 있어 완급을 조절하며 읽었던 것이 책을 많이 읽을 수 있는 비법 중 하나이다. 필자가 사용하고 있는 오디오북 서비스는 '리디북스'이다. 매월 일정 금액 멤버십 결제를 하면 무료로 다운받을 수 있는 리디 셀렉트 서비스를 이용할 수 있다. 필요한 경우 유료로 다운받을 수도 있다. 형광펜 기능, 메모 기능, 공유 기능 등 다양한 기능이 있어서 SNS상에 마음에 와 닿는 문구 공유할 때도 유용하게 활용하였다. 이렇게 자투리 시간을 활용한 독서로 독서에 대한 자신감을 높일 수 있다. 독서하는 습관을 들이고 싶다면, 독서량을 늘리고 싶다면 자투리 시간을 잘 활용하기를 바란다.

하루 1% 15분 만이라도 읽자!

필자는 학교에서도 자투리 시간을 활용한 독서를 강조한다. 하루 5분, 10분이 모여서 큰 힘을 발휘한다.

교과 수업과 학원 과제만으로도 이미 빡빡한 하루를 보내고 있는 학생들에게 큰 부담 없이 점심시간을 이용해 하루 1%, 딱 15분만 책 읽기에 할애할 수 있도록 제안했다. 이민규 교수는 『하루 1%, 변화의 시작』에서 다음과 같은 사실을 강조한다.

"왜 1%가 중요한가? 인간과 침팬지의 유전자는 99%가 동일하다. 차이는 겨우 1%에 불과하다. 하지만 그 1%의 작은 차이 때문에 침팬지는 인간과 완전히 다른 삶을 살게 된다. 변화에 실패한 사람과 성공한 사람의 차이도 마찬가지다. 거창한 차이가 아니라 1%의 작은 차이에 의해 변화의 성패가 결정되고 운명이 갈린다. 그 작은 1%를 바꿀 수만 있다면 변화와 혁신에 성공하고 인생을 바꿀 수 있다. 매일 하루 1%, 15분만 투자하자. 하루 1%만 잡아주면 나머지 99%는 저절로 달라진다. 우리의 몸은 시동만 걸어주면 저절로 작동되는 기계처럼 목표를 향해 스스로 움직인다. 하루 1%의 시도는 변화의 시작인 동시에 인생의 도미노 효과가 일어나는 시작점이 된다. 크게 바꾸고 싶은가? 그렇다면 작게 시도하라. Change Big? Try Small!"

하루에 10분, 15분 책 읽는다고 뭐가 크게 달라지겠냐고 생각할지 모르겠지만, 10분, 15분을 집중해서 읽으면 20페이지 가량을 누구나 읽을 수 있다. 이렇게 한 시간 책을 읽으면 80~100쪽을 읽게 되고 낭비하는 조각 시간들을 모두 모으면 하루 3시간까지도 책을 읽을 수 있다. 독서력은 하나의 기술이라 연마할수록 조금씩 향상된다. 그렇다고 하루 3시간의 독서를 강요할 수는 없는 현실. 요즘 학생들은 방과 후 밤늦게까지 학원을 다니는 경우가 많아서 책 읽을 시간을 따로 내기가 힘들다. 그렇다고 손 놓고 있을 수만은 없다. 아침 자습 시간, 점심시간, 쉬는 시간 짬을 내어 하루 10분, 15분만이라도 책 읽기에 투자한다면 분명 큰 변화가 있을 거라 믿는다.

◎ 선경쌤의 중학교 생활 가이드 ◎

의무감에 읽어야 하는 책 말고 흥미가 있어 산 책을 먼저 손에 쥐고 읽어봅시다. 도파민이 분비될 때 읽으면 독서 효율을 높일 수 있습니다. 하루 1%, 15분 만이라도 책을 읽읍시다. 15분을 집중해서 읽으면 20페이지가량을 누구나 읽을 수 있고 그 시간들이 쌓이면 몰라보게 큰 변화도 이끌 수 있습니다.

5

인문 고전 읽기로 문해력을 다지자

오랜 시간을 견디어낸 위대한 책, 인문 고전을 읽자!

'인문(人文)'은 '인류의 문화'를 뜻한다. 고전(Classics)을 사전에서 찾아보면 다음과 같이 풀이되어 있다. '옛날의 의식이나 법칙, 오랫동안 많은 사람들에게 널리 읽히고 모범이 될 만한 문학이나 예술 작품'이라고.

김헌은 『인문학의 뿌리를 읽다』에서 다음과 같이 고전의 의미를 표현했다. "하나의 책을 고전이 되게 하는 것은 바로 역사 그 자체이다. 역사의 선택을 받은 텍스트가 고전이며, 그래서 고전은 역사의 산물이라 말한다. 고전의 생명력은 특정 시대의 문제들에 깃든 보편성을 통찰하는 힘에서 비롯되며, 역사의 매 순간에 새롭게 생겨나는 문제들에 대응하는 힘에서 확인된다."

종합해보자면, 고전(古典)이란 오랫동안 많은 사람들에게 널리 읽히고 모범이 될 만한 문학이나 예술 작품을 말하며, 시대가 바뀌어도 끊임없이 모방되고 재창조되며 후대 작품을 이해하는 데 도움을 주는 책을 말한다. 고전은 오랜 시간을 견디어낸 위대한 책이다. 그러므로 고전은 고전 그 자체로서도 충분히 가치가 높지만, 고전의 진짜 가치는 그 책을 읽는 이들의 사고의 확장에 있다고 하겠다. 고전에는 지식이나 정보만 담겨 있는 것이 아니라 위대한 지혜와 통찰력이 담겨 있기 때문이다.

고전을 통해 과거의 역사에서 현재와 미래를 살아갈 교훈을 얻고 질문을 통해 사고력을 높일 수 있다!
사고의 확장, 지혜와 통찰력을 기를 수 있다!

고전을 읽는 일은 당장의 쓸모를 주지는 않는다. 입시에서 좋은 성적을 보장해주는 것도 아니며, 먹고사는 일에 유용한 무엇도 약속하지 못한다. 그렇다면 고전을 읽으면 뭐가 좋을까? "미래는 과거로부터 오는 것이다. 과거가 현재를 만들었고, 현재가 미래를 만들기 때문이다. 미래로 가는 길은 오래된 과거에 있다. 이것이 우리가 고전을 읽어야 하는 이유"라고 신영복 교수는 말한다.

『고전의 힘』의 저자들은 고전의 가치를 다음과 같이 설명한다. "고전의 힘은 답을 제시하는 것이 아니라, 끊임없이 질문을 만들어내는 것이다. 답은 시대와 환경에 따라 달라질 수 있지만 선각자들이 던진 최초의 질문에는 진리의 실마리가 숨어 있다. 그 질문으로부터 인간의 사유는 더 높은 곳을 향해 나아갔고, 또다시 새로운 질문을 만들어냈다." 고전을 통해 과거의 역사에서 현재와 미래를 살아갈 교훈을 얻고 질문을 통해 사고력을 높일 수 있다. 또한 사고의 확장, 지혜와 통찰력을 기를 수 있다. 주입식으로 지식을 넣기만 하는 교육이 아니라 학생들의 잠재력을 끄집어내는 교육을 강조하고 있는 지금 현시점에 꼭 필요한 교육의 하나가 고전 읽기라는 확신이 드는 지점이다.

이런 필자의 확신을 뒷받침해주는 사례가 있다. 미국 세인트존스대학은 대학 4년간 고전 100권을 읽고 토론하는 것으로 교육과정을 구성한다. 강의와 수업 대신 100% 토론으로 교육한다. 토론과 글쓰기를 통해 학생 스스로 자신만의 공부법을 터득한다. 생각하는 방법, 토론 능력, 에세이 작성법을 배운다. 토론을 통해 대화의 질을 향상시키고 다양한 시야를 확보한다. 스스로 질문을 정하고 답을 찾으면서 자신만의 생각을 정리한다. 이런 공부가 진짜 공부가 아닐까?

필자가 몇 년간 인문 고전 독서와 토론을 통해 변화와 성장을 경험했기에 학생들에게도 분명 긍정적인 변화가 있을 거라 확신하고 인문 고전 읽기를 학생들과 시도해보기로 했다. 2022년 7개월가량 중학교 1학년 학생 233명을 대상으로 인문 고전 읽기를 진행했다. 국어 교사들은 이미 인문 고전을 수업에 많이 활용하고 있겠지만, 학년 부장으로서 학년 전체 학생들에게 점심시간을 활용한 책 읽기를 시도한다는 것이 생각만큼 그렇게 쉽지는 않았다. 단 한 명의 아이라도 긍정적인 변화를 이끌 수 있다면 그것만으로도 가치 있는 일이라고 나를 다독이며 학생들과 인문 고전 읽기를 실천했다. 인문 고전 읽기를 통해 다음과 같은 내용을 기대했다. 첫째, 스스로 책을 읽어냈다는 뿌듯함이 성취감을 느끼게 하고 자기 주도성이 향상될 것으로 기대했다. 둘째, 등장인물의 갈등을 파악해 보면서 공감 능력이 향상될 것이고 공감 능력이 향상된 만큼 관계도 개선될 것으로 기대했다. 셋째, 지속적으로 책을 읽고 기록하는 습관을 들임으로써 성찰을 생활화하다 보면 문해력도 향상될 것으로 기대했다. 넷째, 인문 고전 읽기를 통해 세상과 연결, 공감 능력 향상, 다양한 갈등 상황을 접해보면서 타인 이해, 다양한 해결책이 존재함을 깨닫게 됨으로써 창의적 사고력도 향상될 거라 기대했다.

인문 고전 읽기를 통한 학생들의 성장

인문 고전 읽기 진행 과정에서 학생들에게 여러 질문을 던지고 생각을 적어보도록 했다.

Q. 여러분이 생각하는 '고전'의 정의는?
A. 옛날부터 전해져 내려오는 문학작품
Q. 여러분이 생각하는 '고전'을 읽으면 좋은 점은?
A. 옛날 사람들의 전통과 문화에 대해서 더 잘 알 수 있을 것 같습니다.
Q. 고전 읽기 전과 후의 나는 어떻게 달라져 있을까요?
A. 여러 책들에 대해서 알게 되고, 책들이 담고 있는 가치나 주제를 알게 될 것 같습니다. 그것들을 기반으로 앞으로의 삶을 고민하고 지금까지의 삶을 되돌아볼 것 같습니다.

『수레바퀴 아래서』를 중심으로 쓴 학생들의 글 모음

☞ 책 내용 예측하기: 『수레바퀴 아래서』라는 제목을 보고 노동자들의 일상생활이 담겨 있는 소설이며, 총 7장으로 이루어져 있는 것으로 보아 시간 범위가 크며 사건들을 시간 순으로 나열할 것 같다.

☞ 책 내용 예측하기: 가난한 집안 사정 때문에 수레를 끌고 다니면서 돈을 버는 소년(소녀)의 이야기 같다.

☞ 와닿는 구절 필사

"공부에 흘린 숱한 땀과 눈물, 공부를 위하여 억눌러야 했던 자그마한 기쁨들, 자부심과 공명심, 그리고 희망에 넘치는 꿈도 이제는 모두 헛된 것이 되고 말았다." (232쪽) 이유는 한스가 신학교에 가기 위해 공부를 열심히 했지만 결국 신학교를 떠나게 되자 슬픈 마음이 들기도 하고, 한스가 신학교에서 친구와 어울리는 것보다는 공부를 더 열심히 하라고 말해주고 싶기 때문입니다.

☞ 책 읽고 느낀 점(내 삶에 적용할 부분)

나는 한스가 천재적인 두뇌를 가졌음에도 자신이 하고 싶은 것을 하지 못하고 오로지 공부만 한다는 게 너무 안쓰럽고 불쌍했다. 한스의 나이가 우리와 비슷한 중고등학생 같은데 방학에도 놀지 않고 공부한다는 게 한편으로는 대단했다. 주변 어른들이 한스를 조금만 더 신경 쓰고 챙겨줬다면 한스가 세상을 떠나지는 않았을 것 같아서 안쓰럽고 내가 한스의 주변 어른 중에 한 명이었으면 한스를 챙겨주고 싶은 마음이 들었다. 한스의 노력과 끈기는 본받아야 된다고 생각하지만 쉬지도 않고 달려가는 것은 좋지 않다고 생각한다. 다음 생에는 한스가 행복하게 살았으면 좋겠다.

☞ 가장 신경 쓰이는(관심이 가는, 인상적인) 등장인물과 이유

나는 이 책의 등장인물 중에서 한스를 가장 인상 깊게 보았다. "아들은 겉으로는 매우 침착해 보이기는 했지만, 남모르는 불안감이 그의 목을 조이고 있었다." 이 구절을 보고 한스가 공부에 대한 압박감을 받고 있구나라는 것을 알게 되었기 때문이다. 그리고 한스가 자신감이 없어 보여서 앞으로의 역경에 대해 어떻게 헤쳐나갈지, 감당할 수 있을지 걱정이 되었기 때문이다.

☞ 누구의 마음과 행동에 공감이 갔나요?

나는 한스의 마음과 행동에 공감이 갔다. 왜냐하면 한스의 나이대가 우리와 비슷한 것 같아서 한스의 마음이나 행동에 공감이 많이 갔다. 특히 한스가 신학교에 입학했을 때 중학교 처음 입학했을 때와 굉장히 비슷한 마음이여서 공감이 많이 갔다. 또한 공부에 대한 부담감이나 친구관계 등등 여러 부분에서 나와 비슷한 점이 많았고 그래서 더더욱 한스에게 공감이 잘 갔다.

☞ 작품 속에서 해결해주고 싶은 문제와 내가 생각하는 해결책

한스의 아빠가 한스에게 공부를 강요하는 문제를 해결해 주고 싶다.

한스가 자신의 아빠에게 진심을 털어놓고 한스의 아빠도 한스의 입장을 이해하고 위로해줬다면 한스는 타고난 천재적인 두뇌로 더 멋진 삶을 살았을 것 같은데 안타깝다.

☞ 저자나 책 속 인물에게 하고 싶은 질문

나는 엠마에게 왜 프랑크 아저씨와 한스에게 말도 없이 떠났는지, 한스를 향한 마음이 진심이었는지 묻고 싶다. 또한 저자에게 한스가 왜 죽게 되었는지도 묻고 싶다.

☞ 친구들이 남긴 질문에 대한 자신의 생각

Q. 책 제목이 왜 '수레바퀴 아래서'인가요?

A. 한스가 가지고 있던 부담감과 근심이 수레바퀴 위에 올리는 물건들이고 한스가 수레바퀴를 끌고 다니는 사람이고 결국 한스가 부담감과 근심의 무게를 견디지 못하고 수레바퀴 밑에 깔려 죽은 것처럼 표현되었다고 생각해서 책 제목이 '수레바퀴 아래서'인 것 같다.

A. 한스가 공부에 스트레스를 받을 때, "지치면 안 돼. 그럼 수레바퀴에 깔리게 되니깐"이라고 말했다. 하지만 결국 한스는 부담감과 스트레스에 못 이겨 익사하게 된다. 따라서 한스는 부담감과 스트레스를 담고 있던 수레바퀴에 깔리게 된 것이라고 볼 수 있다. 그래서 제목이 수레바퀴 '아래서'인 것 같다.

Q. (저자에게) 왜 이 책을 쓰게 되었나요?

A. 수동적으로 주위에서 시키는 대로 행동하며 수레바퀴 아래 깔린 것

처럼 살기보다는 자신의 정체성을 찾고 자발적인 자세로 삶을 살자는 의미에서 이 책을 쓴 것 같다.

　인문 고전 읽기 전후로 설문을 통해 학생들의 의견을 모아보았다. 학생들의 응답을 통해 다양한 역량이 길러졌다고 스스로 느끼고 있음을 알 수 있다. 책을 읽는 방법을 터득하고 책 읽기에 흥미를 가지게 되었다는 반응이 많아서 그 어떤 역량을 기르게 되었다는 응답보다 환영할 만한 점이라 생각된다.

　Q. 인문 고전을 읽기 전과 후에 변화와 성장이 있었다고 생각하나요? 있다면 어떤 점에서 성장했는지 적어주세요.
- 내 생각이 더 깊어졌다.
- 정보처리 역량이 늘어난 것 같다.
- 책이 완전 재미없다고 생각했었는데 조금은 재미있어졌다.
- 글을 쓸 때 창의성이 부족했는데 점점 창의성이 늘어났던 것 같다.
- 자신이 가지고 있는 정보를 쉽게 정리하는 능력이 길러졌다.
- 원래는 책을 잘 읽지 않았는데 인문 고전을 읽고 나서 책에 관심이 생겼다.
- 책을 읽는 방법을 뭔가 깨달은 것 같다.
- 인문 고전의 내용으로 자신에 대한 성찰을 할 수 있었고, 창의성이 늘어났다.
- 생각도 더 많이 할 수 있고 책의 인물과 나랑 비교하는 시간도 가지

게 되어서 좋았다.

- 용감해졌다. 성장했다. 자기성찰을 할 수 있었다.
- 책을 읽고 어려운 사람들이 많다는 걸 알고 앞으로 더 열심히 살아야겠다고 생각했다.

233명의 학생들 중 몇 %의 아이가 변화되면 그 활동이 성공한 활동이라고 할 수 있을까? 단 한 명의 학생이라도 바꿀 수 있다면, 단 한 명의 학생에게라도 효과가 있는 활동이라면 역으로 전체 학생에게도 효과가 있지 않을까? 1년에 단 한 명의 학생이라도 나로 인해 변화할 수 있다면 그것이 나비효과가 되어 세상을 바꿀 수도 있다고 생각한다. 여러 학생들을 직접 인터뷰한 결과 학생들이 인문 고전 읽기에 긍정적임을 알 수 있었는데 그중 몇 가지 사례를 정리해본다.

배○○: 인문 고전 읽기와 필사를 하면서 내 행동이 다른 사람에게 피해를 줄 수도 있겠다는 생각을 했습니다. 책을 읽고 필사를 하다 보니 쓸데없는 소리를 하지 말아야겠다는 생각이 들었고 활동에 더 집중하게 되었어요.

박○○: 일단 책 한 권을 스스로의 힘으로 읽어내면서 독해력이 향상된 것 같습니다. 독서일지를 작성하고 선생님이 던진 질문에 답해보면서 자기 주도력이 길러진 것 같습니다. 고전을 읽으면서 옛 시대 상황에 대해서도 알 수 있었어요.

윤○○: 처음에는 고전 읽기가 지루하고 어려울 줄 알았는데 읽다 보니 책 내용이 재미있었고 독서일지 작성도 크게 어렵지 않고 유익했어요. 평소에 고전을 읽을 기회가 별로 없었는데 이번 활동을 통해서 지식도 쌓이고 생각도 깊어지는 것 같아서 앞으로도 이런 활동을 계속 해보고 싶어요.

고○○: 등장인물이 처한 상황에 대한 해결책을 생각해보면서 내가 현실에서 그런 상황에 처한다면 어떻게 할지 생각해보는 계기가 되었고, 책에서 얻은 교훈을 현실에 잘 활용해야겠다는 생각을 하게 되었습니다.

김○○: 끊임없이 도전하는 등장인물이 참 대단하고 멋지다는 생각을 했고 인문 고전에서 주는 교훈을 실생활에 잘 적용해야겠다는 생각을 했습니다.

◎ 선경쌤의 중학교 생활 가이드 ◎

인문 고전 읽기를 통해 학생들의 문해력을 향상시킬 뿐만 아니라 고전을 통해 과거의 역사에서 현재와 미래를 살아갈 교훈을 얻고 질문을 통해 사고력을 높일 수 있습니다. 또한 사고의 확장을 통해 지혜와 통찰력을 기를 수 있습니다.

6

인성이 곧 실력이다

인성교육의 주체는 가정과 학교

중학생 자녀를 둔 학부모인 필자는 수시로 우리 아이들에게 "다른 사람을 배려할 줄 알아야 한다.", "다른 사람의 잘못에 대해 이해하고 용서하여야 한다.", "사랑을 실천하는 사람이 되어야 한다."라고 타이르지만 수시로 한계에 부딪힌다. 우리의 뇌는 의식적으로 어떤 행동을 반복하면 신경전달 속도가 빨라지고 계속 반복하면 뇌의 습관 회로가 강화되어 신경이 점점 변화한다고 한다. 우리 아이들에게 바람직한 행동을 꾸준히 지속적으로 지도하는 것이 중요하겠다. 학교에서의 인성교육이 일회성에 그치거나 이벤트성으로 실시될 것이 아니라 지속적인 반복 지도가 꼭 필요하다. 그리고 우리 아이들에게 가장 많은 영향을 미치는 존재는 뭐니 뭐니 해도 부모님이다. 부모는 아이의 거울이라고 하지 않는가? 부모의 말투, 몸짓, 표정 하나까지 아이들은 따라 한다. 부모님으로부터 격려와 지지와 칭찬을 받으면서 생활하는 아이는 자신감 넘치는 태도로 즐겁게 생활한다. 부모님이 자녀의 태도를 수용해주고 인정해주고 그 의견에 공감을 표현해주신다면 우리 아이들은 마음이 건강한 아이, 인성이 바른 아이로 자랄 수 있을 것이라 믿는다. 가정에서도 학교에서 추진하는 인성교육의 방향을 제대로 이해하고 충분히 협조해서 학교와 가정이 유기적인 관계를 맺고 연계 지도가 잘 이루어지도록 해야 하겠다.

미래 사회가 요구하는 핵심역량으로 협력과 조화, 의사소통 능력 등이 있다. 변화된 미래 사회가 필요로 하는 타인과의 의사소통 능력, 다양한 직종, 직무와 융합적으로 의사소통 하는 능력, 그리고 미래 삶에서 필수적인 인공지능과의 의사소통 및 협업 능력 모두 가정에서 키워주는 공감 능력으로부터 비롯된다고 볼 수 있다. 공감 능력의 발달은 부모와 자녀 간의 경청과 존중의 태도로부터 비롯되며, 이러한 태도는 어릴 때부터 경험하는 부모와의 상호작용으로부터 습득된다. 우리 아이를 미래 사회가 요구하는 창의융합인재로 키우기 위해서는 가정의 문화가 중요하다. 부모와 자녀가 다양한 경험을 직접 체험하는 것이 필요하다. 시간과 비용을 들이지 않고 자녀와 함께 집에서 인터넷을 통해 다양한 간접 체험을 해보는 것도 가능한데, 대표적으로 한국과학창의재단이나 한국직업능력개발원 사이트를 활용하면 자녀와 함께 해볼 수 있는 다양한 활동들이 제시되어 있다. 그리고 평소에 밥상머리 교육 등을 통해 자녀와 수시로 대화의 시간을 가지는 것이 필요하다. 부모와 자녀와의 관계 자체가 자녀의 인성에 영향을 미친다는 사실을 받아들이고 자녀와의 관계를 잘 유지하도록 노력해야 할 것이다.

자녀와 대화할 때는 I-Message와 Do-Message를 사용하라!

자녀와의 대화 기술에 대해 자세히 알아보자. 누군가와 효과적으로 의사소통하기 위해서는 제대로 된 말하기 기술이 필요하다. 나 전달법 (I-Message)이란 주어를 '나'로 사용하여 나의 느낌이나 바람을 표현하는 방법이다. 이런 말하기는 상대방을 비난하지 않고 문제가 되는 상대방의 행동이나 그 행동의 결과 나에게 어떤 영향이 있었고 어떤 감정을 느꼈는지를 솔직하게 말하는 것으로, 이때 그런 느낌을 가지게 된 책임이 상대방에게 있지 않고 나에게 있음을 알려준다. 나 전달법에는 상대방의 어떠한 행동이 나에게 미친 영향에 대해서만 언급할 뿐, 상대의 특정 행동이 상대가 어떤 사람임을 말해준다는 평가의 메시지는 들어 있지 않기 때문에 듣는 사람도 말하는 사람의 감정에 더 주목하게 되고, 자신을 방어하는 대신 상대방의 입장에 서서 생각할 여지가 더 많아진다. Do-Message는 상대방이 한 행동 그 자체에 대해서만 이야기하는 경우를 말하는 반면, Be-Message는 행동보다도 그 행동을 한 사람에 대한 평가나 판단을 이야기하는 경우를 말한다.

• Do-Message: "방이 정리가 너무 안 되어 있네. 이러면 다음에 필요한 물건을 찾기 힘들겠다."

• Be-Message: "뭐가 이렇게 더럽냐. 넌 도대체 이런 방에서 어떻게 사는지 이해가 안 된다."

부모의 권위에 서서히 반항하기 시작하는 중학생 자녀와의 대화에서 You-Message, Be-Message를 사용하게 되면 자녀의 반항과 불만은 계속 커질 수 있다. 자신이 부모에게 존중받고 있다고 느낄 수 있도록 I-Message, Do-Message의 말하기를 실천할 수 있도록 노력해야 한다.

부모의 공감 능력은 자녀의 자아존중감, 행복감, 성취에 영향을 미친다!

많은 연구 결과에 따르면, 부모의 공감 능력은 자녀의 자아존중감, 행복감, 성취에 영향을 미친다. 부모가 사춘기 자녀의 생각과 정서, 변덕스러운 마음 등에 얼마나 잘 공감해주느냐는 중학생 자녀와 부모의 관계형성에 중요한 역할을 한다. 부모가 자신의 말을 들으면서 반응해 준다면, 아이는 스스로가 부모로부터 존중받고 있음을 충분히 느끼게 될 것이다. 경청하는 자세는 다음과 같다.

• 상대방의 눈을 응시하며 이야기를 들어준다.
• 상대방을 향해서 몸을 기울이는 듯한 느낌으로 앉는다.
• 상대방의 이야기가 끝나기 전에 끼어들지 않도록 한다.
• 고개를 끄덕이며, "응, 그렇구나.", "아 그랬었구나.", "맞다. 그럴 수도 있겠네."라고 반응해준다.
• 듣는 중간 반응을 나타낸다.

- 상대방의 말을 요약하거나 중요한 단어는 한 번 더 말해주는 등 상대방의 말을 잘 듣고 있음을 나타내준다.
- 듣기 어려운 상황일 때는 양해를 구하고 상대방의 말을 잘 들어줄 수 있는 시간을 약속한다.

부모의 자아존중감은 자녀에 대한 기대라든가 자녀 양육을 위해 들이는 부모의 시간과 에너지에 영향을 미치면서 결과적으로 부모 역할 수행의 차이를 가져온다. 그리고 자녀의 자아존중감에도 영향을 미친다. 따라서 부모가 스스로 자아존중감을 높이기 위해 노력하는 것이 필요하다. 첫째, 바꿀 수 없는 현실은 객관적으로, 있는 그대로 받아들인다. 둘째, 자신을 있는 모습 그대로 인정할 수 있어야 한다. 셋째, 완벽주의에서 벗어나야 한다. 넷째, 타인의 평가에 나를 맡기지 말고, 다섯째, 스스로를 위로하는 기능을 활용해야 한다. 부모로서 자존감을 높이고 자녀에게 제대로 공감해주고 의사소통을 잘하기 위해서는 중학생 자녀와의 관계에서 발생하는 스트레스를 잘 관리하는 것도 중요하다. 중학생 자녀의 양육 스트레스와 불안을 관리하는 방법으로는 자기관리, 과제 관리, 환경 관리가 있다.

자기관리는 부모 자신이 스스로를 돌보면서 스트레스를 주는 사건을 다른 관점에서 봄으로써 인지적 재구성을 시도하는 것을 말한다. "초등학교 때까지만 해도 말도 잘 듣고 그러더니 이상해졌어. 도대체 왜 저러는지 이해가 안 되네. 쟤 때문에 힘들어 죽겠어." 등 자녀의 상황을 부정적인 관점으로 보는 대신, "애가 사춘기가 되면서 몸과 마음의 변화가 커서 힘든가 보네. 짜증도 늘고 감정조절이 제 마음대로 잘 안 될 거야. 저러면서 크는 거니까 내가 지켜봐주고 도와줘야지."라고 긍정적인 관점으로 자기관리를 하면 스트레스 감소에 도움이 된다. 과제 관리는 부모에게 스트레스를 주는 일이나 상황 등의 과제를 효과적으로 수행하는 방법을 찾아서 불확실성을 감소시키고 갈등을 해소하는 것을 말한다. 사춘기 자녀를 이해하고 갈등을 해결하기 위해 부모교육 관련 교재, 강의, 전문가 상담 등을 통해 과제 관리가 가능하며, 이를 통해 자녀와의 관계에서 발생하는 스트레스의 불확실성이 감소되고 스트레스가 완화될 수 있다. 환경 관리는 부모에게 스트레스나 불안을 주는 사건에 대한 경험과 느낌을 다른 사람들과 공유하면서 정서적 지지와 조언을 얻는 것을 말한다. 주변의 가족이나 지인에게 부모로서 힘든 상황을 말하고 공감, 지지, 조언을 받는 환경 관리를 통해 스트레스 감소에 도움이 된다. 특히, 공감 능력이 높은 사람과의 대화는 정서적 지지를 얻는 데 큰 도움이 된다.

참고자료: 교육부 학부모 교육자료

◎ 선경쌤의 중학교 생활 가이드 ◎

부모와 자녀와의 관계 자체가 자녀의 인성에 영향을 미친다는 사실을 받아들이고 자녀와의 관계를 잘 유지하도록 노력해야 할 것입니다. 부모의 공감 능력은 자녀의 자아존중감, 행복감, 성취에 영향을 미칩니다. 자녀와 대화할 때는 I-Message와 Do-Message를 사용하세요.

A Guide for Middle School Students

제4장

습관이 전부다!
중학교 생활을
마스터하는 5가지 습관

1

습관 1 : 성찰 – 긍정 에너지로 하루를 시작해요

담임 반 아이들과 매년 하는 활동들이 있다. 이벤트성으로 특별한 날에 이루어지는 활동이 있는 반면 매일 하루도 빠짐없이 하는 활동도 있다. 그 활동들을 하면서 학생들이 어떤 변화가 있었는지를 소개하려고한다. 부모님들이 가정에서도 이런 활동들을 통해 자녀들의 기본 습관을잘 다져나갈 수 있게 도움을 주었으면 하는 바람에서다.

아이들의 기분을 파악할 수 있는 에너지 지수와 '좋아해'

우리 반 아이들은 아침에 등교해서 교실에 들어오자마자 '성장일기'를작성한다. '성장일기'의 첫 번째 항목은 '오늘의 에너지 지수'이다. 자신의에너지 지수를 1~10 사이에서 선택하고 그 이유를 적게 한다. 몇 년간학생들을 지켜본 결과 에너지 지수가 높은 학생은 그리 많지 않다. 대개는 금요일에는 학생들 에너지 지수가 올라간다. 주말이 다가오기 때문이다. 대부분은 에너지 지수가 2~3 정도로 낮다. 늦은 시간까지 학원에 다니고 아침에 늦잠 자고 허겁지겁 등교하는 학생들이 대부분이니 에너지 지수가 높을 리가 없다. 오늘의 에너지 지수와 그 이유를 눈으로 읽는 데 몇 초밖에 걸리지 않지만, 이 몇 초로 아이들의 상태를 파악할 수 있다. '아, 오늘 ○○이 기분이 이렇구나.' 아침 자습 시간이 길지가 않아 한 명 한 명 붙들고 이야기 나누지는 못하지만 점심시간과 종례 시간을 활용해 도장이라도 찍어 주면서 눈으로라도 훑어본다. '아, 어제는 ○○이가 컨디션이 안 좋았구나.' 아이들과 혼자 대화한다.

여기에 덧붙여 '좋아해' 항목도 작성한다. '어제 하루 좋았던 점, 아쉬웠던 점, 오늘 해보고 싶은 것'을 간단하게 정리해보도록 한다. 살아가면서 성찰이 중요하다고 생각하기 때문에 학생들이 자신의 생각을 정리할 수 있는 장치를 마련하려고 노력한다. 학급경영에서는 말할 필요 없고 수업 중에도 학생들이 자신의 생각을 표현할 수 있는 활동을 강조한다. 꼭 영어로 표현하지 못하더라도 한국말로 먼저 생각해 볼 기회를 준다. '나에게 배움이란 ○○이다. 왜냐하면 ○○이기 때문이다. 나에게 영어란 ○○이다.' 이런 종류의 생각 열기 질문을 자주 던진다. 당장은 귀찮아하는 학생들도 물론 있지만 미처 교사가 생각지 못한 기발한 아이디어를 제시하는 학생들도 많다. 해당 활동에 대한 소감도 꼭 묻는 편인데, 이때도 단순히 '재미있었다, 좋았다'로 마무리하기보다는 왜 좋았는지 이유를 구체적으로 써보게 한다. 학생들의 소감문에서 교사는 피드백을 얻고 다음

활동에 대한 아이디어를 얻기도 한다.

'오늘의 한 줄'로 긍정 에너지로 하루를 시작해요!

자신의 에너지 지수를 확인하고 '좋아해'로 자신의 하루 일과를 성찰하는 것 외에 필자가 반 아이들과 매일 하는 활동이 하나 더 있다. '오늘의 한 줄'이라는 코너인데 다음과 같이 진행된다.

1) 매일 아침 담당자가 칠판에 '오늘의 한 줄(명언, 격언, 책을 읽고 와 닿는 문장 등)'을 적는다. 날짜별로 담당자 정하기, 요일마다 담당자 정하기 등과 같은 학급 규칙을 정해 담당자를 배정한다.

2) 칠판에 적힌 오늘의 한 줄을 각자의 고래 점착 메모지에 옮겨 적는다.

3) 오늘의 한 줄을 자신만의 언어로 풀어서 설명한다.

4) 자신의 설명을 그림으로 표현한다.

5) '오늘의 한 줄'은 미리 검색하여 조사해오는 것을 원칙으로 하고, 교사는 미리 준비하지 못한 학생들을 위해 예시 자료를 충분히 제공한다. 칠판 옆에 명언 카드를 비치해두고 필요할 때마다 학생들이 참고하도록 한다.

6) 고래 점착 메모지 대신 각자 노트에 옮겨 쓰고 그림으로 표현해도 좋다.

7) 명언 꾸미기 활동으로 응용할 수 있다. 국문이나 영문으로 문구를 적고, 그 뜻에 어울리는 그림을 그리거나 타이포그래피로 새롭게 나

타내거나 그 문구를 선택한 이유 등을 적어 반에 게시한다.

8) 같은 책을 읽고 각자 기억에 남는 문구를 위와 같은 방법으로 정리해 보는 것도 새롭고 좋은 방법이다.

필자가 생각하는 '오늘의 한 줄'의 효과는 다음과 같다.

1) 긍정의 문구로 하루를 힘차게 시작할 수 있다.

2) 매일 꾸준히 하는 습관을 기를 수 있다.

3) 고래 점착 메모지를 사용하여 오늘의 한 줄을 진행할 경우, 칠판에 부착한 메모지를 보며 친구들의 다양한 생각을 알 수 있다.

4) 아이들이 쉬는 시간, 점심시간에 오다가다 좋은 글귀를 만나면 인성교육에 도움이 된다.

5) 학생들은 오늘의 한 줄을 적으며 자신이 학급에 기여하고 친구들에게 좋은 영향을 미칠 수 있음을 느끼게 된다. 이를 통해 학생들의 소속감과 자존감을 높일 수 있다.

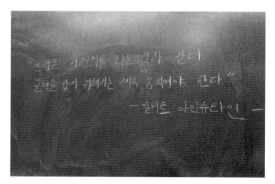

오늘의 한 줄 예시

고래카드 작성 예시

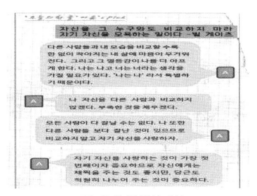

오늘의 한 줄 작성 예시

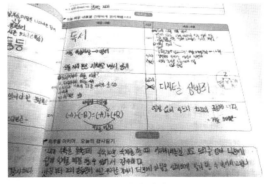

성장일기 예시

중학교 시절, 성적을 올리는 것만큼 중요한 것이 자신의 생각을 정리해 글과 말로 표현하는 연습이라고 생각한다. 매일 아침 '오늘의 한 줄'을 적고 그에 대한 생각을 나누다 보니 아이들의 기발한 생각과 표현에 웃음 짓는 경우가 많았다. 단순히 격언이나 명언을 필사하는 데 그치지 않고 자신의 말로 풀어서 설명하고 이미지화시켜서 완전히 자기 것으로 만드는 것이 이 활동의 핵심이라고 생각한다. 가정에서도 자녀들이 자신의 감정을 돌아보고 자신의 생각을 표현할 수 있는 기회를 많이 주면 좋겠다.

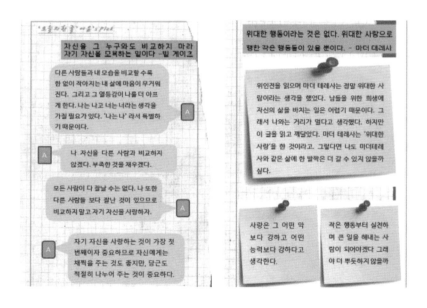

오늘의 한 줄에 대한 학생들의 다양한 생각

중학교 시절, 성적을 올리는 것만큼 중요한 것이 자신의 생각을 정리해 글과 말로 표현하는 연습이라고 생각합니다. 자녀들이 자신의 말과 행동을 성찰하는 힘을 키울 수 있도록 '오늘의 한 줄'을 적극 활용해 보세요.

2

습관 2 : 복습
- 배움 일지와 복습 노트로 기억을 잡아요

복습 노트 쓰기 습관으로 내신 성적 올려요!

    교직 경력 23년차. 그동안 많은 학생들을 만났다. 특별히 학급경영 연수나 책에서 따로 배운 것도 아닌데 필자는 왜 복습 노트를 강조해왔을까? 중학교에 발령을 받고 학생들을 가르쳐보니 '중학교 내신 올리는 건 수업 내용 복습하는 게 전부다.'라는 확신이 들었기 때문이다. 필자의 학창 시절을 떠올려 봐도 필자는 정말 열심히 복습을 했다. 고등학교 때조차도. 12시까지 야자를 하고 집에 와서도 그날 배웠던 것 중에 중요한 것은 꼭 노트필기를 따로 하고 잤다. 덕분에 아침마다 잠과의 싸움을 해야 했지만 말이다. 우리 때는 따로 학원을 많이 다니지는 않았으니 수업 시간에 열심히 듣고 복습하고 최대한 문제를 많이 풀어보는 것이 전부였다. 필자가 가르치는 학생들에게도 이런 노하우를 알려주고 싶어 매해 담임을 맡는 반 아이들에게 복습 노트를 꼭 쓸 것을 당부한다. 그냥 쓰라고만 하면 안 하니까 거의 매일 검사를 한다. 교과 지식을 전달하는 것도 중요하지만, 학생들에게 좋은 습관을 들여주는 것 또한 중요하다는 생각에서 학생들에게 복습을 끊임없이 강조한다.

학생들은 피드백을 주지 않으면 행동을 지속하지 않는다. 학생들과 뭔가 하기로 했으면 반드시 지속적인 피드백을 줘야 한다. 예전에는 꼭 손글씨로 멘트를 달아줬는데 요즘은 도장 찍어 주는 것으로 만족한다. 대신 매일 검사를 하고 3일 이상 미루지 않으려고 노력한다. 그래도 그 도장 하나 받겠다고 아이들이 열심히 해오는 것을 보면 기특하다. 물론 해오지 않는 학생들도 있다. 어떻게 노트필기를 해야 하는지 자체를 모르는 학생도 있다. 복습에 대한 개념 자체가 없는 학생도 있다. 공부한 흔적을 남겨오면 되는 건데 '국어 시간에 시 쓰기, 영어 시간에 5단원 본문 해석' 이런 식으로 수업 시간에 배운 내용을 요약해오는 학생도 있다. 물론 일과 중에 쓰는 배움 일기에는 이렇게 그날 배운 내용을 간략하게나마 요약하게 한다. 어떤 내용 배웠는지 요약해둬야 집에 가서 복습할 때 그 내용이 기억이 나니까. 학생들에게 복습 노트를 작성하게 할 때 예전에 가르쳤던 학생들 노트를 예시로 보여주기도 한다. 백문이 불여일견이라고 백 번 말로 설명하는 것보다 한 번 보여주는 것이 효과가 더 좋을 때가 많다. 학년이 바뀌거나 졸업하는 학생들에게 선생님한테 노트를 기증하라고 이야기한다. 가끔 반 안에서 잘하는 학생들의 노트 예시를 공유하기도 한다.

기존에 필자가 사용하던 방식은 빈 노트를 하나 정해서 학생들이 매일 그날 수업 시간에 배운 내용을 공부한 흔적을 남기도록 하는 거였다. 신규 교사 시절 의욕에 넘쳐서 영어 본문 외우기를 밤 8시 9시까지 남겨서 시키기도 했다. '지금 이거 모르고 지나가면 안 된다, 내가 잡아줘야 한다'는 생각이 강했기 때문이었다. 지금 생각하면 그렇게 공부와 복습을 강요하는 것이 어떤 아이들에게는 부담으로 다가가기도 하고 거부감도 생겼겠다 싶겠지만 필자가 받은 피드백은 대체로 긍정적이었다. 학부모님들도 물론 두 손 들어 환영했다. 학생들이 성적이 오르니까 필자의 방식에 응원을 보냈다. 중학교 1학년 때 가르쳤던 아이들을 중학교 3학년 때 다시 만났을 때 대부분 필자와 함께 공부하게 된 것을 반겼다. 마음잡고 공부할 수 있다고 말이다. 수준별 수업으로 분반하여 나누어 수업을 진행하는 경우가 영어과에서는 한동안 있었는데 필자가 들어가는 수업 시간에는 공부하는 분위기가 되어 좋다며 선생님 반에서 공부하고 싶다는 친구들도 꽤 있었다.

복습 노트 효과 학생들이 증명해요!

　2023년 배움 일기와 복습 노트에 대한 한 학생의 소감을 공유해본다.
　'1학기 샛별반 활동 중 가장 나에게 도움이 되었다고 생각하는 것은 성장일기와 복습 노트이다. 성장일기를 쓰며 배운 것을 바로바로 정리해서 나중에 배운 것을 까먹지 않고, 성장일기를 보며 외울 수 있기 때문이고, 복습 노트를 쓰며 오늘 배운 내용 전체를 복습해보며 노트에 쓰는 것도

시험공부를 할 때 도움이 되었던 것 같기 때문이다.(○○중, 고○○)

"선생님, 저는 학원도 안 다니는데 어떻게 공부를 하면 좋을까요?"
"선생님이 지난번에 알려준 복습 노트 있지? 그거 한번 열심히 해봐. 내가 하루에 한 페이지 공부해 온 거 검사하고 있잖아. 그런데 진짜 성적 올리고 싶으면 그날 배운 과목 모두 다 복습하는 게 좋아."
"네, 선생님 그렇게 한번 해볼게요."

2010년 즈음 만난 이 여학생은 하루에 10페이지 이상씩 복습을 해왔다. 그날 든 과목 모두를 집에 가서 다시 필사하는 수준으로 공부를 해왔다. 그렇게 몇 개월을 하고 나니 성적이 오르는 것이 눈에 보였다. 1학년 첫 중간고사 때 성적이 전교 200등 정도였는데 1학년 마칠 때쯤엔 100등 안으로 들었고 3학년 때는 전교 10위권 안에 들었다. 중학교 3학년 가서도 선생님 덕분에 성적이 많이 올랐다며 인사를 잊지 않아 기특했던 기억이 지금도 있다.

또 다른 제자 사례도 있다. "○○아. 너 드럼 치는 거 밴드 활동은 취미로 하고 이제 공부 좀 하는 게 어때? 고등학교 진학도 생각해야지." 이 한마디에 학생이 달라질지 몰랐다. 어머님이 그렇게 공부하라고 할 때는 듣지 않는다고 걱정하던 아이였는데, 내가 슬쩍 지나가는 말로 이제 공부하자고 이야기했는데 타이밍이 잘 맞았는지 이 학생이 공부에 몰입하기 시작했다. 역시나 성적 향상의 비법은 복습 노트에 있었다. 그렇게 열심히 복습 노트를 쓰더니 전교 등수가 많이 올라서 본인이 원하는 자사고에 입학을 했다. 졸업 후 찾아와서 어머님의 감사 인사를 전했는데 그렇게 기쁠 수가 없었다. 이 학생들 외에도 복습 노트를 하면서 공부 습관을 잡은 학생들이 많다. 기억이 잊히기 전에 배운 내용을 한 번 더 정리하는 습관은 학생들뿐만 아니라 어른들에게도 유용한 공부 방법이다. 복습 노트는 자기 주도적인 공부 방법일 뿐만 아니라 우리의 망각을 늦추는 공부 방법이다.

배움 일기, 잊기 전에 쉬는 시간에 바로 써요!

몇 년 전부터는 복습 노트 외에 '배움 일기'도 쓰게 한다. 매일 자신이 공부한 내용을 요약해서 기록해보는 것이 배움 일기의 목적이다. 왜 배움 일기를 써야 할까? 인간은 망각의 동물이다. 앞서 에빙하우스 망각곡선에 대해 이야기한 바 있다. 인간의 뇌는 1시간이 지나면서부터 배운 것을 잊기 시작한다고 한다. 학습 후 10분부터 망각이 시작되고, 1시간 후면 약 50%를 망각하게 되고, 1일 후에는 70% 이상을 망각하게 되고 1개월 후면 약 80%를 망각하게 된다는 것이 '에빙하우스' 망각곡선에 대한 설명이다. 잊지 않기 위해서는 그만큼 자주 봐야 한다. '아, 집에 가서 그날 배운 거 복습하는 것도 중요하지만, 학습 10분 후부터 망각이 일어난다고 하니 수업을 들은 직후 복습하는 것이 좋겠구나.'라는 생각이 들었다. 활동지를 A4 사이즈로 출력하여 나눠주고 매시간 배운 내용을 쉬는 시간에 간략하게 정리해서 기록하도록 했다. 배운 주제를 적어도 좋고 배운 내용을 간략하게 적어도 좋다. 칸이 빡빡하게 채워지도록 내용을 잘 정리하는 학생들이 눈에 들어온다. 노트필기를 꼼꼼하게 잘하는 학생은 성적도 좋다. 역시나 필기하는 모습을 보면 그 학생의 습관이 어느 정도 잘 잡혀 있는지 알 수 있다. 매일 이렇게 하루에 몇 줄이라도 쓰는 습관이 중요하다고 생각한다. 모든 공부는 꾸준함이 생명이니까. 이렇게 매일 배움 일기와 성장일기를 쓰다 보면 어느 순간 학생들의 공부 습관이 잡혀가는 것을 관찰할 수 있었다. 학생들에게 설명하는 배움 일기 작성 요령을 이곳에도 정리해본다.

1. 배움 일기의 목적

- 수업 직후에 하는 복습이 학습에 가장 효과적이다.
- 수업이 끝나고 잠깐이라도 그 시간에 배운 내용을 떠올려본다.
- 집에서 그날 수업에 배운 내용을 노트에 정리하며 복습하는 것이 공부 습관을 들이는 데 큰 도움이 된다.

2. 배움 일기 기록 규칙

- 배운 내용 요약하기 : 마인드 맵, 핵심 키워드, 그림 등을 활용한다.
- 시간표를 그대로 적거나 단원 제목을 그대로 적지 않는다.
- 교과 수업 중에는 기록하지 않는다. 수업 시간에는 수업에 온전히 집중한다.
- 수업 중 자습 또는 독서를 하는 경우에는 자신이 공부한 내용 또는 읽은 책의 내용을 기록한다.

- 배움 일기는 모든 수업이 끝나고 쓰는 것이 아니라 쉬는 시간마다 기록한다.
- 한꺼번에 몰아서 기록하지 않는다.

◎ 선경쌤의 중학교 생활 가이드 ◎

중학교 내신 올리는 방법은 수업 시간에 잘 듣고 배운 내용 복습하는 것이 전부입니다. 배움 일기와 복습 노트는 자기 주도적인 공부 방법일 뿐만 아니라 우리의 망각을 늦추는 공부 방법입니다. 자녀들이 그날 학교에서 배운 내용을 그날 안에 다시 보면서 내용을 정리할 수 있도록 해주세요.

3

습관 3 : 감사 - 감사로 내 삶을 체인지해요

행복한 부모가 행복한 자녀를 만든다!

감사하는 마음은 나에게 돌아온다!

필자는 '행복한 교사가 행복한 교실을 만든다'고 주장한다. 이를 가정에 적용해보면 '행복한 부모가 행복한 자녀를 만든다'고 믿는다. 행복한 삶을 위한 가장 중요한 습관은 감사하기이다. 감사하는 마음은 나를 위한 것이다. 타인을 위한 감사 이전에 '감사하다'는 말을 내뱉으면 그 말을 가장 먼저 듣는 사람은 바로 '나'이다.

"감사하는 마음은 다른 사람을 위해서가 아니라 자신에게 평화를 가져다주는 행위이다. 그것은 벽에다 공을 치는 것처럼 언제나 자신에게 돌아온다." —이어령

『2억 빚을 진 내게 우주님이 가르쳐준 운이 풀리는 말버릇』에 보면, '감사합니다'를 하루에 500번 말하라고 한다. 인간의 의식은 우주의 진리와 연결되어 있다. 이런 기본적인 의식을 '현재 의식'이라고 하는데, 이것은 평소에 인간이 자신의 작은 사고회로로 생각하는 의식이다. 한편, 잠재의식에는 현재 의식의 6만 배나 되는 용량이 있다. 자신에 대해 부정적인 말만 하면 부정적인 에너지가 잠재의식으로 흘러 들어간다. 이를 방지하기 위해 습관적으로 긍정적인 말을 잠재의식으로 흘려보내야 한다는 것이다. 적극적인 감사하기가 필요한 이유이다.

교사성장학교인 '고래(Go!미래)학교'를 운영하고 있는데 워크북을 만들어 선생님들과 함께 감사일기 쓰기를 실천하고 있다. 학생들에게 적용한 지도 꽤 되었다. 필자가 동료 교사들과 학생들에게 적용했던 감사일기 쓰기를 여러 부모들에게도 추천하고 싶다. 부모님이 감사한 마음을 가지고 습관화했을 때 그 모습을 보는 자녀들도 감사한 마음을 기본적으로 장착하게 될 테니까.

적극적으로 '감사'를 채집해요!

2020년 코로나19로 인해 전례 없는 온라인 개학을 경험했다. 온라인 개학을 준비하던 시기 기존에 사용하던 '러닝 로그'를 변형하여 감사채집일지를 만들었다. 변형이라기보다는 기존에 쓰던 항목에 감사일기를 추가한 것이다. 당시 감사일기에 필자가 푹 빠져 있던 시기이기도 했지만 학생들에게 감사의 미덕을 알려주고 싶은 마음이 컸다. 담임 반 학생들에게만 강조할 것이 아니라 수업 시간에 만나는 아이들에게도 감사의 소중함을 알려줘야겠다는 생각이 들었다. 감사채집. 곤충 채집하듯 '감사'를 적극적으로 찾자는 뜻이다. 온라인 수업 기간 아이들과 대면하지 못하는 상황에서 아이들이 구글 설문에 작성하는 감사일기를 보고 감동을 많이 받았다. 아이들도 처음 겪는 상황이라 온라인 수업을 할 수 있도록 일찍 깨워준 부모님과 조부모님께 감사한 마음을 표현하는 것이 대부분이었다. 살아있음에 감사하고 공부할 수 있음에 감사하고 수업을 가르쳐주시는 선생님에게 감사한 마음을 표현했다. 온라인으로 쓰던 감사채집을 등교수업 이후에도 계속 받았다. 양식지에 손으로 쓰게 하니 또 다른 맛이 났다. 몇몇 학생들은 감사채집의 유용성을 영상에 담아내기도 했다. 학생들이 만든 감사함의 유용성을 보고 있자니 감사채집을 시작하기를 잘했다 싶은 생각이 들었다.

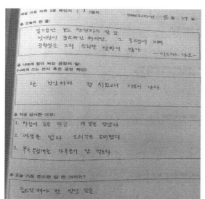

체인지 워크북 작성 예시

나○○: 레시피를 적다 보니 지금 엄청 배고파서 내가 오믈렛을 처음
으로 도전해볼 기회가 생겼다. 이런 기회를 만들어주셔서 감사합니다.

엄○○: 만나진 못해도 영상통화로 이야기해준 친구들에게 감사하다.

처음에는 필자가 담임을 맡은 반에만 적용했지만 시간이 갈수록 학년
전체, 전교생에게로 퍼져나갔다. 필자가 직접 제작한 워크북 '감사채집
기'를 활용하여 전교생이 감사일기를 쓰게 되기도 했다. 담임 반 학생들
과는 '성장일기'를 통해 매일 최소한 3가지 감사한 일을 떠올리고 적어보
게 했다. 감사일기 쓰는 방식도 알려주었다. 학생들에게 다음과 같이 감
사일기 쓰기에 대해 안내한다.

학생이 직접 만든 감사채집의 효과에 관한 영상

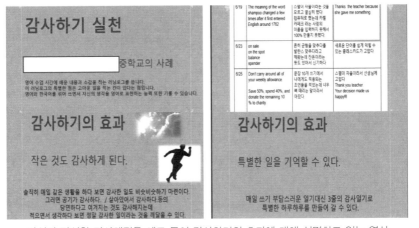

자신이 작성한 감사채집을 예로 들어 감사하기의 효과에 대해 설명하고 있는 영상

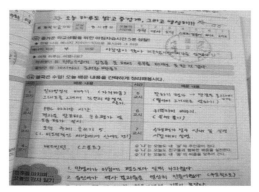

워크북을 제본하여 학년 전체에서 감사채집 작성

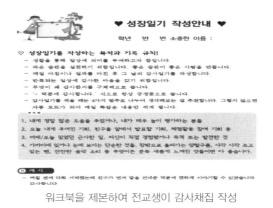

워크북을 제본하여 전교생이 감사채집 작성

1. 감사일기 기록 규칙

- 무엇이 왜 감사한지를 구체적으로 쓴다. 감사함을 표현할 때는 반드시 '왜냐하면', '덕분에'라는 단어를 사용하여 감사의 이유를 구체적으로 적어야 한다. 그렇게 하면 우리가 느낀 감사의 감정은 훨씬 더 진실해지고 깊어진다.
- '~ 덕분에 감사합니다'와 같이 항상 긍정문으로 쓴다.

• 세상에 당연한 것은 없다는 것을 기억하고 일상의 모든 일에 감사한다. 우리가 처한 상황은 변하지 않고 일어날 일은 일어난다. 하지만 어떤 선택을 하느냐에 따라 그 결과는 달라진다. 그러므로 마음속에 언제나 '긍정을 선택하기'가 자리 잡도록 해야 한다. 그러면 상황을 받아들이기가 쉬워진다.

2. 감사일기 팁

1) 감사일기를 적을 때는 4가지 범주로 나누어 생각하는 걸 추천한다. 그렇게 하지 않으면 매일 똑같은 내용만 적게 될 가능성이 크다.

• 소중한 친구들 : 내게 정말 많은 도움을 준 친구, 내가 매우 높이 평가하는 친구를 떠올린다.

• 오늘 내게 주어진 기회 : 친구들 앞에서 발표할 기회, 체험활동에 참여할 기회 등 아주 특별한 기회가 아니어도 괜찮다.

• 어제/오늘 있었던 근사한 일 : 직접 경험했거나 목격한 일을 생각해 본다.

• 눈에 보이는 단순한 사물들 : 창밖으로 흘러가는 양털구름, 사각사각 쓰고 있는 펜, 잔잔한 음악 소리 등 구체적인 대상으로 눈을 돌려보자. 무엇이든 문득 새롭게 느껴진 것이면 다 괜찮다.

3. 감사일기 팁 2

하루에 감사한 일 3가지를 적는다. 이때는 부모님께 감사한 일, 선생님께 감사한 일, 친구들에게 감사한 일을 적는다. 친구에게 감사한 일을 적을 때는 같은 반 친구들 모두에게 한 번씩은 감사한 점을 찾아낼 수 있으면 좋다.

감사일기 쓰는 요령을 알려줘도 모든 학생들이 제대로 쓰는 것은 아니다. 감사한 거 쓸 게 없다며 빈 칸으로 성장일기를 내미는 학생들에게는 정 쓸 게 없으면 담임 선생님에게 감사한 거 적으라고 협박 아닌 협박을 했다.

'담임 선생님 감사합니다.'
'담임 선생님은 아름다우십니다.'
'담임 선생님을 사랑합니다.'

반강제로라도 이런 멘트를 매일 들으니 왠지 기분이 좋아졌다. 학생들이 쓴 감사일기를 검사하면서 필자의 기분이 오히려 더 좋아졌다. 아이들의 감사한 마음의 표현이 나에게로 전해졌기 때문이다. 하루도 빠짐없이 어떻게 감사일기 검사를 하냐고 감탄하는 분들이 대부분이지만 그만큼 긍정에너지를 내가 받을 수 있었기에 중간에 멈추지 않고 계속할 수 있었던 것이 아닌가 싶다.

♥ 성장일기 작성안내 ♥

학년   반   번 소중한 이름:

♡ 성장일기를 작성하는 목적과 기록 규칙!
- 성찰을 통해 일상에 의미를 부여하고자 합니다.
- 작은 습관을 실천하기 위함입니다. 좋은 습관이 좋은 사람을 만듭니다.
- 매일 아침이나 일과를 마친 후 그 날의 감사일기를 작성합니다.
- 반복되는 일상에 감사한 마음을 갖기 위함입니다.
- 무엇이 왜 감사한지를 구체적으로 씁니다.
- '~ 덕분에 감사합니다.' 식으로 항상 긍정문으로 씁니다.
- 감사일기를 적을 때는 4가지 범주로 나누어 생각해보는 걸 추천합니다. 그렇지 않으면 자동 모드가 되어 매일 똑같은 내용만 적게 됩니다.

1. 내게 정말 많은 도움을 주셨거나, 내가 매우 높이 평가하는 분들
2. 오늘 내게 주어진 기회, 친구들 앞에서 발표할 기회, 체험활동을 참여 기회 등
3. 어제/오늘 있었던 근사한 일, 자신이 직접 경험했거나 목격 또는 발전한 것
4. 가까이에 있거나 눈에 보이는 단순한 것들, 창밖으로 보이는 햇빛구름, 사각 사각 쓰고 있는 펜, 잔잔한 음악 소리 등 무엇이든 문득 새롭게 느껴진 것들이면 다 좋습니다.

예시
- 매점 앞에 다퉈 서먹했는데 친구가 먼저 말을 건넸준 덕분에 편하게 이야기할 수 있었습니다. 감사합니다.
- 평소보다 일찍 일어나서 감사합니다.
- 어제보다 날씨가 덜 덥워서 감사합니다.
- 부모님 덕분에 버스를 타지 않고 자동차로 편하게 집에 와서 감사합니다.

처음에는 우리가 습관을 만들지만 그 다음에는 습관이 우리를 만든다.

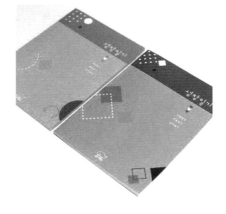

학생들이 쓴 '성장일기(감사일기)' 작성 예시

학생들이 갖추어야 할 여러 가지 역량 중 필자가 가장 중요하다고 생각하는 것은 바로 공감(Empathy) 능력이다. 어쩌면 민주시민으로서 갖추어야 할 가장 기본 덕목이 공감 능력일지도 모른다. 공감 능력(나에 대한 공감이 우선)을 바탕으로 주변의 문제점을 발견하고 함께 고민을 나누다 보면 협업 능력도 길러질 것이다. 문제의 해결책을 찾는 과정에서 문제해결 능력뿐만 아니라, 응용력, 창의성, 팀워크, 리더십 등 사회가 필요로 하는 다양한 역량 또한 자연스럽게 길러질 것이다. 그렇다면 이런 공감 능력을 어떻게 길러줄 수 있을까? 민주 시민교육 과목이 생기고, 인성 수업 과목이 생기고, 공감 수업이 생긴다고 학생들의 공감 능력이 길러지지는 않을 것이다. 전 교과 모든 교사가 학생들에게 공감 능력을 키울 수 있는 수업을 진행해야 할 것이다. 교사가 먼저 솔선수범하는 모습을 보이며 생활 속에서 공감을 끌어내야 할 것이다. 이런 공감 능력을 키우는 데 필요한 과정이 바로 '감사'와 '성찰'하기의 생활화라고 생각한다. 교사 한 명의 노력만으로는 역부족이다. 가정에서도 '감사하기'를 생활화하여 아이들이 긍정마인드를 장착하여 자신을 있는 그대로 받아들이고 자신에 대한 공감을 바탕으로 타인에 대한 공감력을 높이기를 바란다.

사실 필자도 아직까지 가족들에게 '고맙다, 사랑한다'는 이야기를 하는 것이 쉽지가 않다. 하지만 잘 되지 않기 때문에 그만큼 더 연습을 해야 하는 것이 아닌가 생각한다. 50일 가까이 '나에게 쓰는 편지', '남편에게 쓰는 편지'를 쓴 적이 있다. 직접 남편에게 감사 편지를 전하지는 못했만 그저 포스트잇에 남편의 고마운 점에 대해 기록해보는 것만으로도 남편에 대한 감사함이 크게 느껴졌다. 종이 위에 쓰는 기적이라고 했던가. 감사한 마음을 종이 위에 적기만 해도 관계가 많이 개선되는 것을 몸소 경험했다. 지금 껄끄러운 관계에 처한 대상이 있다면 그 대상을 향해 감사일기를 100일간 써보자.

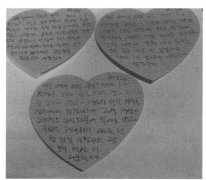 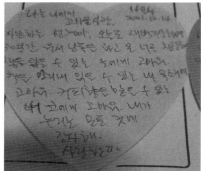

나에게 쓰는 감사편지 예시

◎ 선경쌤의 중학교 생활 가이드 ◎

하루에 감사한 일 3가지를 적는 습관을 들여봅시다. 감사한 분들에게, 내게 주어진 기회에, 어제/오늘 있었던 근사한 일에, 눈에 보이는 단순한 사물들에 감사한 마음을 표현하면 됩니다. 행복한 부모가 행복한 자녀를 만듭니다. 감사하는 마음은 말하는 사람에게 돌아옵니다.

4

습관 4 : 칭찬
– 긍정 확언과 성공 일기로 긍정 마인드를 장착해요

매일 아침 긍정 확언을 옮겨 적거나 큰 소리로 외쳐봐요!

창조적 자신감(Creative Confidence)이란 '내가 잘 못하는 일에 도전해 보는 것, 덜 완성된 것이라도 세상에 꺼내 놓을 자신감'을 말한다. 어쩌면 이런 창조적 자신감을 바탕으로 지금 이렇게 부모들을 위한 책을 쓰고 있는 건지도 모르겠다. 이런 창조적 자신감은 어디에서 오는가? 내 꿈을 응원해주는 사람은 누구? 바로 나! 내가 나를 먼저 인정하고 사랑해야 한다. 행복한 삶을 위한 습관으로 긍정 확언을 추천한다. 긍정 확언은 항상 볼 수 있는 곳에 적어두는 것이 중요하다. 자신의 목소리로 녹음하여 자주 듣는 것도 좋은 방법이다. 『미라클 맵』에서도 비슷한 이야기가 나온다. 중요한 정보는 눈에 띄는 곳에 두고 자주 봐야 한다는 것. 매일 아침 노트에 긍정 확언을 옮겨 적으면서 큰 소리로 외쳐보거나 눈에 보이는 곳에 적어두고 자주 보게 하면 잠재의식에 새겨져 긍정적인 마음가짐을 가지는 데 큰 도움이 될 것이다.

"아무리 중요하다고 생각해도 시간이 지나면 중요도가 사라진다. 중요하다고 생각하는 정보를 자주 보고 각인시키지 않으면, 100일마다 사라지게 된다. 미라클맵은 자주 보는 곳에 붙여 놓고, 매일 인식하면서 뇌에 중요하다고, 꼭 이루어달라고 요청해야 한다." - 『미라클맵』, 137쪽

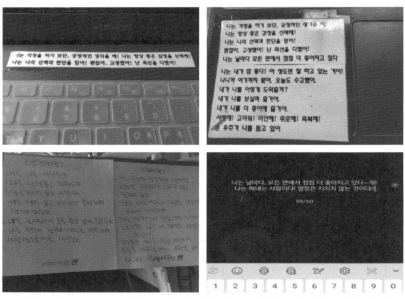

긍정 확언 활용 예시 - 노트북, 책상 앞, 휴대폰 잠금화면 등 눈에 잘 띄는 곳에 두기

학생들이 활용할 만한 긍정 확언 예시 모음

1. 나는 걱정을 하기보단, 긍정적인 생각을 해!
2. 나는 항상 좋은 감정을 선택해!
3. 나는 나의 선택과 판단을 믿어!
4. 괜찮아, 고생했어!
5. 난 최선을 다했어!
6. 나는 내가 참 좋다!
7. 이 정도면 잘하고 있는 거야!
8. 나니까 여기까지 왔어. 오늘도 수고했어.
9. 내가 나를 어떻게 도와줄까? 내가 나를 보살펴줄 거야.
10. 이제부터 나는 매사에 자신이 넘친다.
11. 용기가 솟는다. 마음이 매우 대담해진다.
12. 이젠 세상에 두려운 것이 아무것도 없다.
13. 나는 목표를 향해 힘차게 전진한다.
14. 언제나 가능성을 믿고, 목표를 향해 노력한다.
15. 넌 멋있어. 넌 멋있는 사람이야.
16. 넌 이 우주에 하나밖에 없는 귀중하고 소중한 존재야.
17. 넌 성공을 보장받고 이 세상에 태어났어.
18. 네가 꿈꾸는 건 뭐든지 할 수 있어!
19. 멈추지만 않는다면 얼마나 느리게 가는지는 중요하지 않다.
20. 나는 멋지고 당당하게 살아갈 것이다.
21. 나 자신과 타협하는 순간 루틴이 깨진다.
22. 행복은 바로 지금 여기에! 오늘은 내 인생 최고의 날이다.
23. 나는 날마다 모든 면에서 점점 더 나아지고 있다.
24. 온 우주가 나를 돕고 있다!

1. 오늘도 즐겁고 기대되는 하루가 시작되었다.
2. 나는 오늘도 내가 원하는 모든 선한 일을 이룰 것이다.
3. 나는 성장하고 있다.
4. 내 인생은 더 좋은 방향으로 흐르고 있다.
5. 나는 용기 있다.
6. 나는 부자다.
7. 나는 행복한 사람이다.
8. 나는 긍정의 왕이다.
9. 나에게는 모든 문제의 답을 찾을 수 있는 지혜가 있다.
10. 나는 내 꿈에 조금 더 가까이 다가가고 있다.
11. 나는 행동하는 사람이다.
12. 나는 한번 한다면 하는 사람이다.
13. 나는 지금 내게 주어진 것만으로도 내 인생을 최고로 만들 수 있는 지혜가 있다.
14. 나는 내 인생을 즐기고 있다.
15. 나는 끌어당김의 법칙을 잘 알고 실행하고 있다.
16. 나는 내가 원하는 것을 끌어당길 것이다.
17. 나는 나를 있는 그대로 사랑한다.
18. 나는 나의 하루를 좋은 습관으로 채우고 있다.
19. 나는 내 꿈을 이루기에 충분한 자질을 갖추고 있으며, 충분히 똑똑하고, 충분히 건강하고, 충분히 용기 있다.
20. 모든 것에 감사합니다.
21. 모든 것이 고맙습니다.
22. 몰입의 기쁨을 주심에 감사드립니다.

25. 나는 사랑받고 있는 존재다! 26. 나는 운이 좋은 사람이야. 27. 나는 밝게 빛나는 태양 같은 사람이야. 28. 웃고 있는 한 이마에 주름은 없어진다. 29. 나는 건강하고 강하며 애정이 있고 조화 롭고 행복하다.	23. 나의 모든 소망이 다 이루어짐에 감사드 립니다. 24. 행복해서 감사합니다. 25. 풍족해서 감사합니다. 26. 운이 좋아 감사합니다. 27. 마음의 평온을 주심에 감사드립니다.

　　필자는 경제 개념이 없는 편이다. 돈 계산을 잘 못한다. 숫자만 보면 머리가 아프다. 예전에 방과 후 부장 업무를 맡은 적이 있었는데, 교육청에 보고를 할 때마다 0을 하나를 더 붙이거나 빼서 담당자에게 확인 전화를 여러 차례 받았다. 하루 종일 쥐고 계산을 해도 어김없이 계산이 틀리곤 했다. 2022년 경제 동아리를 만들어서 운영했다. 필자와 같은 불편함을 겪지 않으려면 아이들이 어릴 때부터 경제에 밝아야 한다는 생각이 들어서이다. 우연한 기회에 '캐시플로우' 게임을 알게 되었고 보드게임과 함께 『가난한 아빠 부자 아빠』를 읽게 되었다. 비슷한 시기에 『자본주의』라는 프로그램과 책을 읽고 나서 '아, 어릴 때부터 경제교육이 정말 필요한 것이구나' 깨닫게 되었다. 비록 경제에 대해 잘 알지는 못하지만 아이들과 함께 공부해나가보기로 했다. 학생들이 살아가는 데 필요한 힘을 기르기를 바란다. 실제 세상과 가장 직접적으로 관련 있는 개념이 무엇일까? 학급 화폐를 도입한 어느 초등학교 교사의 이야기에 자극을 받기도 했고, 세상을 살아가는 데 꼭 필요한 경제 개념을 학생 때부터 가르쳐야 한다는 어느 다큐멘터리 내용에도 공감했다. 2016년부터 조금씩 관심을 가지고 공부하던 '앙트십교육'과도 연결되는 활동을 해보고 싶었다.

앙트십은 기업가정신을 뜻하는 앙트러프러너십(entrepreneurship)의 줄임말로 세상의 변화 속에서 기회를 발견하고 협력을 통해 새로운 가치를 만들어내는 힘을 의미한다. 자아 발견에 중점을 두면서 경제적 가치 창출로 이어지도록 교육하는 것인데, 가치를 창출하는 경험을 통해 학생들이 문제해결에 보다 적극적으로 참여할 수 있을 것으로 기대했다. 청소년 금융교육의 필요성을 인식하고 부가가치 창출과 이를 기부하는 경험을 바탕으로 경제활동의 가치를 찾고 활동 과정에서 지역사회에 봉사하는 삶의 중요성까지 깨닫게 되기를 바랐다.

하루 일과 중 자신이 성공했다고 생각하는 것을 적어보아요!

경제 동아리 첫 활동으로『열두 살에 부자가 된 키라』를 같이 읽고 소감을 나누었다. 책에 나오는 내용 중에 '성공일기' 쓰기가 있는데 학생들이 성공일기를 쓸 수 있도록 독려했다. 책 읽고 소감을 나누었을 때 책 내용 중 자기 삶에 적용하고 싶은 것에 많은 아이들이 '성공일기'를 꼽았다. 성공일기는 하루 일과 중 자신이 성공했다고 생각하는 리스트를 3~5가지 적는 것이다. 돈을 벌고 싶어 하는 '키라'에게 '머니'가 가장 먼저 해보라고 조언한 활동이 성공일기이다. 성공 경험을 계속 떠올림으로써 성취감을 높여갈 수 있다. 지속적으로 성공일기를 쓰다 보면 자기효능감이 높아진다는 논리이다. 필자는 학생들이 '성공일기'에 갖는 관심을 활용하여 단톡방을 통해 21일 이상 매일 자신이 생각했을 때 성공한 일들을 3가지 이상 적도록 안내했다.

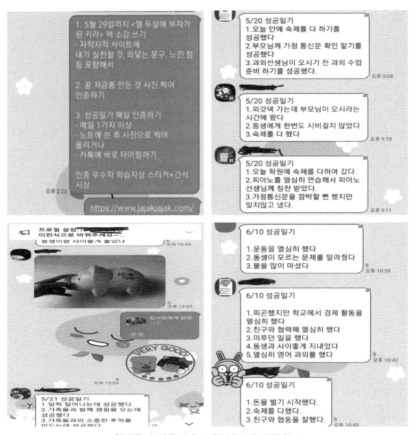

학생들이 단톡방에 21일 이상 쓴 성공일기

★ 학생들이 쓴 성공일기 예시

5/20 성공일기

1. 8시까지 학원을 갔다.
2. 투표 참여를 빨리 했다.
3. 영어 멘토 방을 만들었다.
4. 스포츠에서 친구들과 즐거운 시간을 보냈다.

6/2 성공일기

1. 복습 노트, 성장일기를 열심히 썼다.
2. 힘들었지만 수행평가를 열심히 쳤다.
3. 항상 시간이 아깝다고 자지 않았던 낮잠을 잤다.
4. 처음 보는 수학 과외 선생님과 열심히 수업했다.
5. 도덕 수행평가 준비를 열심히 했다.

6/8 성공일기

1. 수행평가가 많았지만 열심히 끝냈다.
2. 부모님께 감사하다고 전해드렸다.
3. 미루던 일을 끝냈다.
4. 피곤했지만 수학 과외를 열심히 했다.
5. 부지런하게 일찍 씻었다.
6. 수행평가 준비를 일찍 끝냈다.

처음에는 단순히 학생들에게 경제 개념을 심어주면 좋겠다는 취지에서 출발한 동아리이지만 이런저런 프로그램을 구성하고 전문가들과 연결하다 보니 '지속가능한 경제' 교육과 연결되었고 학생들이 기업의 가치에 대해 깨닫고 자신이 우리 사회에 어떻게 기여할 것인지에 대해 생각해 보는 활동으로까지 이어졌다. 중1 학생들 17명이 '지속 가능 경제'에 대해 공부하고, 스스로 사회문제를 탐색, 발견하여 해결 방안을 모색해 보는 프로젝트로 발전했다. 멘토의 피드백을 반영하여 프로젝트 활동 지원금으로 모둠에서 정한 문제를 실제로 해결해보는 경험(헌 옷 재활용 머리끈 만들어 판매, 친환경 샴푸바 만들어 판매, 친환경 빨대 사용에 관한 실태 조사, 공정무역 제품 사용 독려 캠페인)을 통해 공감 능력, 문제 해결력 등을 기르고자 했다. 경제 동아리 활동에 대한 학생들의 소감을 몇 가지 정리해본다.

정○○: 성공일기를 적용하고 싶다. 매일 작은 거라도 성공한 것처럼 일기를 적으면 자존감도 높아지고 뿌듯할 것 같기 때문이다. 이 책을 읽으면 스스로 할 수 있는 용기가 생길 것 같다. 왜냐하면 키라는 자신이 원하는 목표를 스스로 찾고 이루었기 때문이다. 친구들과 이야기하면서 같은 책을 읽어도 다양한 의견이 있다는 것을 깨달았다.

이○○: 인터뷰 질문을 정하고 보내는 과정에서 조원과 많은 소통을 할 수 있었습니다.

이○○: 경제 동아리 활동을 하면서 자신감과 용기를 가지고 친구들에게 의견을 얘기하며 문제를 해결함으로써 자신감, 용기, 소통, 문제해결력 등을 길렀습니다.

홍○○: 일단 혼자 주제 정하기, 1년 동안 내 계획, 멘토 찾기, 멘토에게 질문할 문답 정하기, 멘토 님께 이메일 보내기 그 외 활동 등 이런 거는 혼자서 감당할 수 있는 수준이 아니기 때문에 팀원끼리 지켜야 할 기본적인 예의는 기본으로 있어야 한다고 생각했습니다. 그리고 다른 팀과 구분되는 아이디어와 이 아이디어의 끝은 봐야 하니깐 처리능력도 있어야 하고, 이것을 누군가에게 내 목소리로 알려주어야 할 수도 있으니 자신감과 용기가 있어야 한다고 생각했습니다.

◎ 선경쌤의 중학교 생활 가이드 ◎

성공일기는 하루 일과 중 자신이 성공했다고 생각하는 리스트를 3~5가지 적는 것입니다. 성공 경험을 계속 떠올림으로써 성취감을 느낄 수 있습니다. 지속적으로 성공일기를 쓰다 보면 자기효능감이 높아집니다. 매일 아침 긍정 확언을 옮겨 적거나 외치는 것도 긍정마인드 장착에 큰 도움이 됩니다.

5

습관 5 : 글쓰기
– 평소에 꾸준히 기록해야 성장해요

학급살이를 돌아볼 수 있고 학생들에게 좋은 추억을 선물할 수 있는 문집

필자가 학급경영을 하는 한 가지 방법 중에 학생들과 문집 만들기가 있다. 담임을 할 때마다 거의 매년 학급 문집을 만들었다. 학급 문집을 만들면 좋은 점은 한 해 학급살이를 자연스럽게 돌아볼 수 있고 학생들에게 좋은 추억들을 문집이라는 형태로 선물할 수 있다는 것이다.

신규 때는 문집 인쇄하는 데 그렇게 돈이 많이 드는지 모르고, 학교 예산을 사용할 수 있는 방법도 몰랐기에 자비로 문집을 출간하기도 했다. 한때 디지털 학급 문집이 대세여서 종이로 인쇄하지 않고 CD에 학생들 글과 사진들을 담아서 정리한 적도 있다. 필자가 2021년 만들었던 문집에 남긴 소회를 옮겨본다. 이 글 속에 필자가 왜 문집을 만들려고 하는지

그 마음이 잘 담겨 있다고 생각하기 때문이다. 학생들에게 보내는 응원의 메시지이다.

아이들과 첫 만남 때마다 함께 읽고 생각을 나누는 시이다. 사람과 사람이 만난다는 건 한 사람의 일생과 일생이 만나는 일인 만큼 그 무게가 가볍지 않기에 나는 첫 만남을 아주 소중하게 여긴다. 아이들이 나를, 친구들을 환대해주었으면 하는 바람과 함께 나 또한 나와 1년을 함께할 아이들을 환대하고 존중해주리라는 다짐을 매번 이 시를 접할 때마다 하게 된다. 중학교 시절, 성적을 올리는 것만큼 중요한 것이 자신의 꿈을 그려보고 자신의 생각을 자신의 말로 표현하는 연습을 하는 것이라고 생각한다. 매일 아침 '오늘의 한 줄'을 적고 그에 대한 생각을 나누었다. 아이들의 기발한 해석과 표현에 웃음 짓는 경우가 많았다.

책 읽기와 쓰기는 자기 수양 방법 중 으뜸이라 믿으며 살아왔다. 나 스스로 책 쓰는 삶을 산 지 몇 해가 지났다. 어느 순간 이 좋은 걸 학생들과도 함께 해야겠다는 꿈을 꾸게 되었고 이렇게 내 꿈을 이루었다. 이 책은 총 7개의 장으로 구성되어 있다. 3학년 7반의 일년살이를 일곱 가지 색으로 칠해본 것이다. 아이들의 생각을 그저 글만이 아닌 다양한 방식으로 그려보려고 시도했다. 아이들이 스스로 자신의 알을 깨고 나올 수 있도록 열심히 껍질을 쪼아댔다. 악역을 맡은 자로서 칭찬보다는 요구가 많았기에 행여 상처받은 아이는 없을까 하는 나의 우려는 아이들의 편집 후기를 읽으며 눈 녹듯 사라졌다. 이 책에 우리의 기억과 꿈을 담았다.

책에 미처 못 담은 이야기는 훗날 아이들이 학창 시절을 떠올리며 자신만의 추억으로 다시 예쁘게 칠해갈 거라 믿는다. 중학교를 졸업하고 아이들이 성인이 되고 나서도 힘들 때마다 이 책을 꺼내 보며 자신이 누군가에 환대받았던 기억을 떠올리며 힘을 얻길 바란다.

문집을 넘어 학생 저자에 도전하다!

2021년에는 문집을 넘어서 '학생 저자 되기'에 도전해보았다. '생각을 칠하다'라는 이름으로 교육청에서 지원하는 책 쓰기 프로젝트에 참여했다. 1년간 학생들의 성장 과정을 책으로 엮은 것이 2021년 학급경영의 가장 큰 수확이다. 작가를 꿈꾸는 6명 학생이 주축이 되어 한 해 3학년 7반 친구들의 성장 스토리를 '생각을 7하다'라는 제목으로 엮었다. 이 책은 '오늘의 한 줄로 생각을 나누다, 마음 가는 대로 쓰다, 미래를 그려보다, 지역 영웅에게 배우다, 배운 대로 실천하다, 그림으로 추억을 칠하다, 우리들의 과정을 그리다' 총 7개의 장으로 구성되어 있다. 한편 대구광역시교육청에서 주최하는 '2021 대구 학생 책 축제 영상 공모전'에 『생각을 7하다』를 소개하는 영상을 제출하여 동상을 받기도 했다. 영상에는 각 장 소개와 그간의 준비 과정을 담았다. 제목, 목차, 책에 들어갈 내용을 구상하고 반 친구들에게 글을 받고 선생님과 아이디어 회의를 하는 그 모든 노력을 영상에 담았다. 책이 완성되는 과정을 영상으로 만드는 이 과정 또한 뿌듯했다.

『생각을 7하다』출간에 대한 학생들의 소감

- 책을 만들어보는 것이 처음이라서 값진 경험이 되었고 우리가 만든 책이 후에도 3학년 7반의 좋은 추억으로 남을 것 같아서 좋다.
- 내가 쓴 글이 책으로 나와 있는 것도 신기하고, 생각보다 내 글들이 많이 쓰여 있는 것도 놀라웠다. 책에 우리 반 사진도 나와서 나중에 보면 추억일 것 같다.
- 나는 3장이 가장 마음에 든다. 각자의 장래 희망이 적혀 있어서 누가 어떤 꿈을 가지고 있는지 알게 되어서 좋았다.
- 가장 마음에 드는 파트는 친구들의 장래 희망에 대해 소개한 부분이다. 환경을 위해 실천한 모습을 보고 나도 환경을 위해 작은 일이라도 해야겠다고 느꼈다.
- 우리 반이 1년 동안 한 것을 모아서 보니 우리가 이런 것도 했구나 하는 생각도 들고 옛날 생각도 나서 좋았다.
- 가장 마음에 와닿는 문장은 26쪽에 "Love myself라는 말이 있듯이 끝까지 나를 아껴주고 보살펴주는 건 나 자신밖에 없다."라는 문장이다.
- 이때까지 했던 활동들을 이렇게 전부 책에 담아내니 재밌기도 하고 되게 많은 걸 했단 생각이 들었다.
- 친구들의 다양한 생각이 골고루 다 포함되어 있어서 좋았다. 한글날 글쓰기, 자유주제 글쓰기 파트가 가장 마음에 든다.
- 우리 반 아이들이 꿈과 직업 등 여러 가지 주제로 쓴 글을 읽어보니 새로 알게 된 것도 있었고 나한테 도움이 되는 내용도 있어서 유익

한 책이라고 생각한다.

2022년 1년간 인문 고전 10권을 읽고 느끼고 배운 것들에 대한 기록이 『고전텐미닛』이라는 제목으로 출간되었다. 한 가지 유의할 점은, 책 작업을 할 때 글을 쓰려고 하면 이미 늦다는 점이다. 평소에 쓴 글들을 발전시켜 한 편의 글을 완성하고 책으로 만들 엄두를 낸다. 평소 기록이 중요하다. 글쓰기, 기록의 중요성은 앞장에서 강조한 바 있다. 오늘의 한 줄, 감사일기, 좋아해 등의 활동을 통해 매일 한두 줄이라도 꾸준히 쓰는 습관이 학생들의 글쓰기 실력을 향상시켰다고 필자는 굳게 믿고 있다. 단순히 기록에 그치지 않고 기록한 내용들을 하나의 결과물로 만들어내는 과정을 거친다면 아이들은 보다 많은 성장을 하게 될 것이다.

요즘은 출판사를 거치지 않더라도 자가 출판할 수 있는 툴이 다양하다. 무료로 전자책을 만들어주는 사이트도 많으니 자녀가 쓴 일기나 가족 여행 기록 등을 하나의 책으로 만들어보는 것을 추천한다. 자율적으로 흥미·적성·취미·진로 등에 맞추어 주제를 선정하고, 자료를 수집·연구·탐구하면서 자신만의 책을 쓰는 과정과 활동을 통해 자존감을 높이고, 스스로 행복을 설계할 수 있는 역량을 키울 수 있다. 책 쓰기를 통해 자신의 진로를 구체화하게 되고 자기 주도적 문제해결력이 향상된다. 입학사정관제 등 대입 전형에 대비하게 되고 자기성찰, 자기표현, 자기 긍정의 힘이 길러진다.

단순히 기록에 그치지 않고 기록한 내용들을 하나의 결과물로 만들어 내는 과정을 거친다면 아이들은 보다 많이 성장하게 될 것입니다. 평소에 쓴 글들이 있어야 발전시켜 한 편의 글을 완성하고 책으로 만들 엄두를 낼 수 있습니다. 평소 기록이 중요합니다. 하루에 한두 줄이라도 꾸준히 쓰는 습관을 들이세요.

6

습관, 흔들리지 않으려면
나만의 핵심 가치를 먼저 찾자

습관, 작심삼일이 되지 않기 위해 핵심 가치 찾기

성장일기를 쓰기 전에 학생들에게 '나 사용설명서'를 작성하게 한다. 내가 무엇을 좋아하는지, 어떤 사람인지 파악하는 것이 우선이라고 생각해서이다. 내가 잘하는 것, 약점이라고 생각하는 것, 좋아하는 것, 친구들이 말하는 나, 가족이 말하는 나, 내가 기뻤던 순간, 1년 후, 5년 후, 10년 후, 20년 후의 나는? 지금 내가 할 일은? 나는 어떤 사람으로 기억되고 싶은가? 이런 질문에 대한 대답을 '나 사용 설명서'라는 이름으로 정리해 보도록 한다. 그런 다음 나의 보물 지도도 작성해보게 한다. 거창하게 사진을 오려 붙이거나 하지 않더라도 자신의 꿈 리스트를 적어보도록 한다. 그리고 나서 한 해를 돌아보며 좋았던 일, 아쉬웠던 일, 해보고 싶은 일, 듣고 싶은 말 등을 적어보게 한다. 지난 한 해 가장 뿌듯했거나 즐거웠던 순간, 자신의 모습 중 가장 바꾸고 싶은 모습도 적어보게 한다.

　　그런 다음 자신이 생각하는 가장 중요한 가치를 고르게 한다. 수십 가지의 가치 중 가장 눈에 들어오는 가치 10가지, 5가지, 3가지, 1가지씩으로 좁혀 가면서 하나의 가치를 고르도록 한다. 습관 항목을 세세하게 정하기 전에 선행되어야 할 것은 왜 이 습관을 실천하려고 하는지 생각해보는 것이다. 왜 새벽에 일찍 일어나려 하는지, 왜 글을 쓰려고 하는지, 왜 책을 읽으려고 하는지, 왜 그 행동을 하려고 하는지 명분이 있어야 지속할 수 있다. 왜 하려고 하는지 생각할 때는 어떤 사람이 되고자 하는지, 올 한 해 내 목표는 무엇인지 큰 그림부터 그린 후, 그렇게 되기 위해 지금 필요한 것은 무엇이고, 매일 조금씩 이렇게 하면 되겠다고 세부적인 행동을 정하면 된다. 연말이나 새해에 보통 목표를 세우는데 작심삼일로 그치기가 쉽다. 작심삼일이 되지 않으려면 내가 왜 그 목표를 세우고 도달하려고 하는지 이유가 명확해야 한다. 그 이유에 해당하는 것이 바로 핵심 가치이다. 내가 왜 그 일을 하려고 하는지를 명확하게 한다면 흔들릴 확률이 낮아진다. 단순히 목표를 세우는 데서 그치는 것이 아니라 그 목표를 이루기 위해 지금 현재 어떤 노력을 해야 하는지를 정하고 실천하는 과정이 바로 습관을 잡아나가는 과정이다. 자녀가 핵심 가치를 찾고 그 가치에 맞는 목표를 세우고 그 목표를 이루기 위한 습관을 잘 잡아 나갈 수 있도록 부모님부터 먼저 좋은 습관을 만들어나가길 바란다.

　　핵심 가치를 정했다면 oneword 사이트(https://getoneword.com/)에

서 자신이 정한 핵심 가치를 넣어 원 워드 포스터를 제작할 수 있다. 다음은『원 워드』책에서 추천하는 원 워드를 즐길 수 있는 방법이다. 원 워드를 찾았다면 원 워드로 컴퓨터의 화면보호기를 만든다. 원 워드를 표지판에 써놓고 매일 볼 수 있는 장소에 걸어둔다. 원 워드를 사진으로 찍어서 스마트폰에 저장해둔다. 원 워드와 관련된 일기를 쓰고 매주 깨달은 통찰력과 교훈을 적는다. 가족과 함께 일주일에 한 번은 각자의 원 워드에 관한 토론을 벌인다. 월요일마다 원 워드와 관련하여 매주의 초점이나 도전을 만든다. 삶의 필수요소 중 하나를 선택한다. 원 워드와 관련 있는 격언이나 인용문을 찾아본다. 원 워드가 연상되는 노래를 고른다. 원 워드가 연상되는 시를 써본다. 컴퓨터에 문서를 만들어 원 워드에 관한 모든 것을 수집한다. 원 워드를 정했으면 소중한 가족과 친구들이나 무조건 신뢰할 수 있는 사람들과 단어를 공유하라고 한다. 자신을 발전시키고 성장하도록 돕는 사람들이기 때문에 그들을 응원팀이라고 한다. 혼자 은밀하게 결심하는 것보다는 공표했을 때 그 목표를 이룰 확률이 높다. 자녀와 부모가 서로의 꿈을 응원해주는 응원팀이 되어보는 것은 어떨까?

핵심 가치 예시

건강, 평온, 진정성, 탁월함, 노력, 열정, 보람, 활력, 격려, 수용, 책임, 통찰, 도전, 용기, 감동, 유머, 창조, 평화, 행복, 희망, 깨달음, 감사, 용서, 유연함, 자신, 절제, 정직, 여유, 실천, 신중, 성찰, 성실, 호기심, 결단, 겸손, 긍정, 끈기, 지혜, 배움, 협력, 친절, 신뢰, 예의, 우정, 정의, 존중, 배려, 나눔, 기여, 공감, 경청, 휴식, 기쁨, 교감, 자유, 즐거움, 성취, 모험, 진정성, 균형, 아름다움, 변화, 헌신, 공동체, 경쟁, 자신감, 지속성, 공헌, 창의성, 호기심, 자존감, 다양성, 배움/교육, 효율성, 공감, 평등, 윤리, 탁월함, 경험, 공정, 믿음, 명성, 가족, 자유, 너그러움, 조화/화합, 정직/솔직함, 자립, 리더십, 논리, 열정, 과정지향, 현실적인, 결과지향, 만족감, 안전함, 봉사, 안정감, 성공, 팀워크, 협동, 투명성, 부

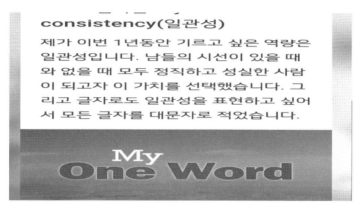

핵심 가치 시각화 예시

습관, 절대 실패할 수 없는 작은 것으로 시작하라!

학생들에게 자신의 꿈을 최종적으로 적고 이 꿈을 이루기 위해 올 한해 내가 해야 할 일을 최소한 3가지 적도록 하고 그 꿈을 위해 내가 꼭 실천할 습관 3가지를 쓰게 한다. 건강, 자기 계발, 관계 카테고리로 나누고 3개 실천 소요 시간이 총 10분을 넘지 않도록 한다. 습관은 매일 실천하

면서 자기 효능감을 높이는 것이 중요하기 때문에 웬만하면 지킬 수 있는 습관으로 잡는다. 예를 들어, 하루 스쾃 10개, 하루 2쪽 책 읽기, 감사일기 1줄 쓰기 등이 습관이 될 수 있겠다. 습관을 들일 때 가장 중요한 것은 절대 실패할 수 없는 쉬운 것부터 시작해야 한다는 것이다. 습관을 지속하기 위해서는 나에게 꼭 필요한 것 또는 나에게 흥미가 있는 것, 쉽게 실천할 수 있는 것부터 시작해야 한다. 하루 10분을 넘어가지 않는 작은 것부터 실천하자. 그래서 성공 경험을 많이 쌓아야 한다. 나는 이렇게 할 거라고 공표하라. 일단 공표를 하고 나면 그 약속을 지키기 위해서라도 습관을 지키게 된다. 필자는 인증사진을 많이 찍는다. 인증하기 위해서라도, 사진을 찍기 위해서라도 그 습관을 지키게 되며, 사진 찍고 인증하는 것이 일상에 자연스럽게 자리 잡았다.

물론 습관을 실천하기가 말처럼 그리 쉬운 것은 아니다. 큰맘 먹고 시작해도 작심삼일 하기가 일쑤다. 그럴 땐 '작심삼일을 3일에 한 번 반복하자'라고 생각하면 어떨까? 작심삼일도 7번 하면 21일, 22번 하면 66일, 30번 하면 90일이 된다. 흔히 전문가들이 말하는 습관 형성 게이트가 3일, 21일, 66일, 90일이다. '공부의 신' 강성태는 이를 이용해 '66일 학습법'을 만들기도 했다. 이범용 작가가 운영하는 '습관홈트' 프로그램에서는 3일, 21일, 66일, 90일 차 각 게이트를 통과할 때마다 자기 자신에게 보상해주라고 한다. 여러 습관 전문가들이 공통적인 이야기를 하는 데는 다 그만한 이유가 있을 것이다. 습관이 되면 의식하지 않아도 저절로 그 행동을 하게 된다. 경험상 보통 100일을 채우면 그 행동이 체화된다. 의식하지 않아도 어느 순간 그 행동을 하게 되는 것이다. 하나의 목표를 정해 100일간 꾸준히 실천해보자. 100일을 이어서 실천하지 않아도 좋다. 목표한 행동을 띄엄띄엄이라도 실천한 횟수가 100일이 되도록 해보자. 성취감을 느끼게 될 것이다. 명심할 것은 100일을 채우기 위해서는 먼저 1이 있어야 한다는 것이다. 3이 있고 21이 있고 66일 있고 90이 있어야 100이 될 수 있다.

여기서 눈여겨봐야 할 것이 하나 더 있다. 습관을 실천한 자기 자신을 칭찬해야 한다는 것이다. 100일을 채웠다는 사실 자체에서 뿌듯함을 느낄 수도 있지만, 중간 과정에서 보상이 없으면 쉽게 지칠 수 있다. 그래서 필자는 습관 실천 3일 성공하면 별다방 가기, 21일 성공 시 치맥 하기, 66일에는 네일샵 가기, 90일을 달성하면 아이패드 사기라는 보상을 정했다. 이 보상을 머릿속에 넣고 있으면 아이패드를 갖기 위해서라도 습관 실천을 열심히 하지 않겠는가!

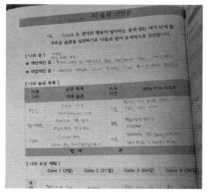

습관 목록 예시

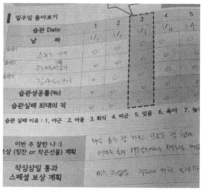

습관 달력 활용 예시

작심삼일이 되지 않으려면 내가 왜 그 목표를 세우고 도달하려고 하는지 이유가 명확해야 합니다. 그 이유에 해당하는 것이 바로 핵심 가치입니다. 자녀가 핵심 가치를 찾고 그 가치에 맞는 목표를 세우고 그 목표를 이루기 위한 습관을 실천할 수 있도록 부모님부터 먼저 좋은 습관을 만들어나가길 바랍니다.

감사하기의 힘을 증명한 '아름다운 선생님 상'

어떨 때는 학생들이 쓴 감사일기를 읽다가 감탄할 때가 있다. 어떻게 이렇게 사소한 일에도 감사한 마음을 떠올릴 수 있을까. 참 기특한 생각을 하고 있구나라고. 필자도 매일 아침 감사일기를 쓰고 있기는 하지만, 매일 같은 문구가 반복되기도 한다. 기계적으로 감사의 말을 떠올리다 보면 진심이 담기지 않는 경우도 있는데 진정으로 감사를 잘 표현하는 학생들을 보면 다른 분야에서도 두각을 나타내는 경우가 많다.

감사일기를 쓰면 이런 점이 좋아요!

감사일기를 매일 쓰다 보면 이런 이점이 있다. 자신의 하루를 돌아볼 수 있게 된다. 감사한 사람, 대상을 떠올리며 기분 좋게 하루를 시작 또는 마무리할 수 있다. 감사일기를 쓰게 되면 매일 감사한 삶이 펼쳐질 수 있다. 감사일기에 쓸 거리를 찾게 된다고 해야 할까. 아침에 건강하게 눈을 뜨고 책상 앞에 앉아 이렇게 글을 쓸 수 있는 것부터, 볼 수 있다는 사실에, 자판을 칠 수 있는 손에, 의자에 앉아 있을 수 있게 해주는 엉덩이에 감사하게 된다. 점심을 준비해주는 조리사분들에게 동료들과 수다를 떠는 일상에 감사하게 된다. 행복 지수도 올라간다. 사소한 것에서 행복을 느낀다. 필자 같은 경우 하루 중 가장 좋아하는 시간이 새벽 시간이다. 새벽에 일어나서 커피 한 잔 내려서 내 책상 앞에 앉아 책도 읽고 필사도 하고 글을 쓰는 시간을 가장 좋아한다. 온전히 나를 위한 시간이다. 혼자 조용하게 커피를 마실 수 있음에 감사하다고 느끼면 소소하지만 확실한 행복이 되는 것이다. 우리가 매일 습관적으로 하는 행동들에 감사라는 의미를 부여하면 그것은 곧 소소한 행복 즉, 소확행이 되는 것이다.

행복 심리학자, 서은국 교수는 『행복의 기원』(서은국 저, 21세기 북스, 2014)에서 "행복이란 강도가 아니라 빈도"라고 주장한다. 얼마나 큰 행복인가가 중요한 것이 아니라 얼마나 '자주' 행복한지가 중요하다는 것이다. 감사는 우리들의 행복 지수를 높이는 비결이다. 감사일기를 통해 행복 지수가 올라가면 낙천주의자가 된다. 불평, 불만의 횟수가 줄어들고 감사하고 고마운 말과 표현이 늘어나게 된다. 심지어 안 좋은 일이 일어나도 그 안에서 감사한 마음을 가지게 된다. 이만하길 다행이다. 이런 일이 일어난 것도 다 이유가 있겠지. 이 일을 통해 내가 얻을 수 있는 교훈은 무엇일까. 이렇게 생각의 전환을 하게 된다.

감사일기를 통해 내 삶을 기록한다!

감사일기를 통해 내 삶을 기록할 수 있다. 매일 감사일기를 쓴다는 것 자체가 기록이다. 매일 감사일기를 3가지만 적어도 그날 무슨 일이 있었는지 짐작할 수 있다. 감사일기만으로도 자서전을 만들 수 있다.

1년 이상 매일 3가지씩이라도 감사일기를 쓰게 되면 성취감을 경험할 수 있다. 꾸준히 무언가를 했다는 만족감과 성취감은 새로운 도전을 할 수 있게 이끌어 준다. 독서, 글쓰기, 책 쓰기 등 자기 계발을 위한 새로운 도전으로 이끌어준다. 감사일기는 자기 계발의 시작이자 끝이라고도 할 수 있겠다. 감사일기를 통해서 삶의 작은 것들부터 감사함을 인식하게 되면 이를 계기로 나와 세상에 대한 인식이 긍정적으로 변하며 새로운 도전을 하는 데 있어서도 주저하지 않게 된다. 새로운 도전을 성공하면 또 감사하기 때문에 계속해서 도전을 하게 된다. 긍정적인 몰입이 늘어날수록 역량이 강화되어 원하는 꿈도 이루게 된다.

2022년에 담임 반 학생들이 성장일기를 꾸준하게 작성했다. 성장일기 맨 마지막 항목에 오늘 감사한 점을 쓰게 되어 있다. 성장일기를 꾸준하게 쓰는 학생들의 경우 수업에서도 대체로 집중도가 높은 것으로 관찰된다. 수행평가를 할 때 끝까지 포기하지 않고 하나라도 더 해낸다. 이는 교과 선생님들이 전해주는 이야기이다.

"선생님 반 학생들은 수행평가도 끝까지 포기하지 않고 열심히 해요.

자기들끼리 서로 격려하더라구요. '왜 포기해? 포기하지 마. 하나라도 더 써. 끝까지 해봐.' 하는 모습이 기특하더라고요."

종종 소란하다는 이야기를 듣기도 하지만 45분이라는 주어진 똑같은 시간 동안 과제를 해내는 정도부터가 우리 반은 다르다. 다른 반 학생들 한두 조 과제 제출할 시간에 우리 반은 대여섯 조가 과제를 해낸다. 감사일기나 성장일기를 꾸준히 써왔기 때문에 쓰는 것에 익숙해졌기 때문이라고 필자는 믿는다. 매일 아침 '오늘의 한 줄'을 꾸준히 쓰는 것 포함 감사일기를 써야 하는 이유가 학생들을 통해 증명되고 있다.

★ 2022년 학생들이 쓴 감사일기 예시

피곤하지만 잘 일어난 나에게 감사하다.

교생 선생님께서 인사를 받아주셔서 감사하다.

단어를 외운 나에게 감사하다.

자가 진단을 해주신 엄마에게 감사하다.

성장일기와 복습 노트를 열심히 쓴 나에게 감사하다.

수학 10분을 다 한 나에게 감사하다.

아침에 밥을 해주신 엄마에게 감사하다.

단어 시험을 안 내주신 영어 선생님에게 감사하다.

모르는 것을 질문한 나에게 감사하다.

반장이 우리의 의견을 들어줘서 감사하다.

피구를 할 때 우리 팀이 이겨서 감사하다.

3일 동안 즐겁게 논 덕분에 활기를 다시 찾을 수 있어서 감사하다.

옷과 가방을 사주신 엄마에게 감사하다.

명언 덕분에 내가 힘낼 수 있어서 감사하다.

★ 2022년 학생들이 쓴 감사일기를 통한 변화 예시

− 감사일기를 쓸 때는 사소하더라도 뭐든지 감사한 것을 떠올리는 게
도움이 되었고, 감사한 것들을 생각해보면서 기분이 좋아졌다.

− 감사일기를 쓰면서 하루를 살아가며 감사하는 일을 느끼는 것이 많
다는 걸 알게 되었고 감사하다는 말을 하루에 한 번은 해서 좋았다.

− 감사일기를 쓰면서 사소한 것에 감사하는 마음을 가질 수 있어 긍정
적인 사고로 학교생활을 할 수 있었다.

감사하다 보니 '아름다운 선생님 상'도 받았어요!

2022년 12월 뜻깊은 상을 하나 받았다. 늘 아이들에게 상을 전해주는
입장에만 있다가 전 교직원 앞에서 상을 받는 입장이 되고 보니 얼떨떨
하기도 하고 학창 시절로 돌아간 듯한 느낌을 받기도 했다. 양가 부모님

께 소식을 전했더니 기뻐해주셔서 효도한 것 같아 뿌듯하기도 했다. 대구에는 동료 교사나 학생, 학부모가 추천하는 '아름다운 선생님' 상이 있다. 익명의 학부모님이 나를 추천해주셔서 상을 받게 되었다. 예상치도 못한 일에 2015년 학생들로부터 추천받아 받았을 때만큼 기쁨이 크다. 추천 내용도 어쩌면 그렇게 내가 한 학급경영 활동 하나하나 의미를 잘 짚어주셨는지… 1년간의 학급살이를 인정받는 느낌이라고나 할까. 이런 학부모님 만난 내가 참 복이 많다 싶고, 앞으로 더 겸손하게 더 나누며 살아야겠다는 생각도 하게 되었다.

아름다운 선생님 상 학부모 추천 내용: 아이들의 성장 과정에서 중학교 1학년은 그 의미가 남다르다고 할 수 있습니다. 초등학생의 껍질을 벗고 어엿한 청소년으로 변하는 시기인데, 이 시기에 곁에서 어떻게 지도해주느냐에 따라서 앞으로 남아 있는 중학교 시간과 앞으로 다가올 고등학교 시간의 큰 틀이 만들어진다고 생각합니다. 그런 의미에서 최선경 선생님께서 지도하는 교육의 방향은 학생들에게 목표 의식과 도전정신을 심어주기에 더할 나위 없다고 생각합니다.

우선 선생님께서 내주시는 〈성장일기〉 과제는 아이들 스스로가 매일 성찰의 시간을 가지게 합니다. 아울러 그날 배우고 익힌 것에 대한 복습과 더불어 감사일기를 통해 주위에 대한 고마움을 깨닫게 하는 데 아주 큰 도움을 주는 것 같습니다.

그리고 요즘 학생들은 과거와는 달리 일기를 쓰는 등의 글짓기 하는 모습을 좀처럼 보기가 힘든데, 선생님께서는 〈자작자작〉 사이트를 통해서 학생들에게 글짓기를 할 수 있는 기회를 마련해주십니다.

다음으로 말씀드릴 것은 선생님께서는 스마트 기기에 적응이 되어 있는 요즘 학생들을 위해서 스마트 기기를 적극적으로 활용하는 맞춤 수업을 하고 계십니다. 이런 방법은 학생들이 공부에 대한 흥미를 가지고 집중할 수 있게 합니다. 이렇듯 최선경 선생님께서는 학생들의 바람직한 성장을 위한 다양한 노력들을 하고 계시기에 아름다운 선생님으로 추천합니다. 〈추천인: 학부모〉

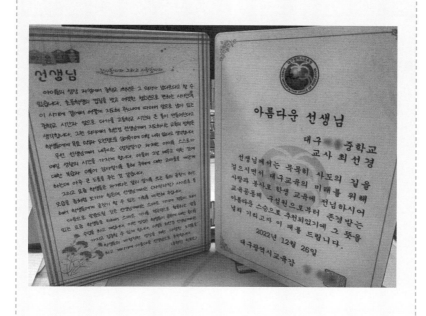

학생들에게도 '아름다운 선생님' 상 수상 소식을 전했다. 〈성장일기〉에 대한 학생들의 생각도 궁금해졌다. 단톡방을 통해 학생들의 의견을 물어 보았다. 학생들 또한 〈성장일기〉를 통한 하루 성찰과 감사하기 쓰기에 대해 긍정적인 의견을 많이 보내주었다. 당장은 학생들이 귀찮아할 수 있는 활동들도 교사가 교육적 철학을 가지고 꾸준히 하다 보면 학생과 학부모로부터 신뢰를 얻을 수 있음을 다시 한 번 확인하는 기회가 되었다.

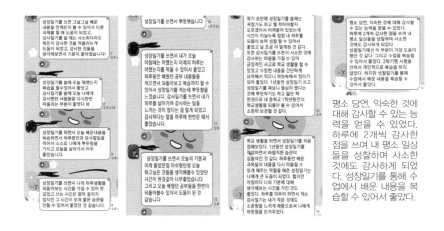

평소 당연, 익숙한 것에 대해 감사할 수 있는 능력을 얻을 수 있었다. 하루에 2개씩 감사한 점을 쓰며 내 평소 일상들을 성찰하며 사소한 것에도 감사하게 되었다. 성장일기를 통해 수업에서 배운 내용을 복습할 수 있어서 좋았다.

필자 자신뿐만 아니라 학생, 학부모들도 감사하기의 유용성에 대해 이야기해주고 있습니다. 여러분들도 자녀와 함께 매일 감사일기 실천해보세요. 자녀에게만 쓰라고 이야기하지 말고 부모님이 먼저 작성하는 모습을 보이는 것이 중요합니다.

A Guide for Middle School Students

제5장

중학생 우리 아이, 똑똑한 부모 가이드

1

사춘기 아들과 잘 지낼 수 있을까

아이가 어릴 때는 그저 건강하기만을 바라다 조금씩 욕심이 생기기 시작한다. 초등학교 때는 사실 공부보다는 그저 학교생활에 잘 적응하고 친구들 잘 사귀기를 바랐다. 출근하는 엄마를 둔 덕에 초등학교 1학년 때부터 아들은 7시면 집을 나섰다. 교실 문을 1등으로 열고 들어가는 아이가 우리 아들이었다. 학교에 일찍 가는 걸 좋아해서 그나마 다행이었다. 아무래도 집에 혼자 있다가 나가는 것보다는 엄마 손 잡고 등교하는 길이 더 좋아서 따라나섰을 수도 있겠다. 둘이 손잡고 지하철역까지 걸어가서 나는 지하철 승강장 쪽으로 아들은 학교 쪽 출구 쪽으로 나가기를 6년간 계속했다. 이렇게 아들 손잡고 출근하는 길에는 내가 아들 가방도 대신 들어주고 손잡고 걸으면서 이런저런 이야기도 할 수 있어 참 좋았다.

중학생이 된 지금은 상황이 많이 달라졌다. 필자가 먼저 출근을 하고 아이 혼자 차려놓은 아침을 먹고 가방을 챙겨 등교를 한다. 버스에서 내려서도 한참을 걸어가야 한다. 요즘은 같이 길을 걸어갈 때 가방을 들어준다고 해도 아들이 마다한다. 늘 거실 책상에서 공부하던 아이가 중학교 입학할 때가 되니 자기도 방에서 공부할 거라고 자기 책상을 사달라고 했다. 자기 책상이 생기니 자기 방에 머무르는 시간이 많아지고 이제는 노크 없이 방문을 열고 불쑥 들어가기가 눈치 보일 때도 있다. 질문을 하면 속 시원하게 말이라도 해주면 좋을 텐데 '엄마는 몰라도 돼.'를 외치는 아들을 보면 속이 탄다. 궁금할 때마다 담임 선생님에게 전화를 할 수도 없고 참 답답할 때가 한두 번이 아니다.

사춘기 아들과 잘 지내려면 평소 래포 형성이 중요하다!

'내 마음 나도 몰라.' 왜 그렇게 행동하는지 이유가 없는 시기가 사춘기라고는 하지만, 그래도 사춘기 아이들과 소통하는 방법이 있지 않을까? 사춘기 아이들은 신체적인 변화와 성(性)적, 정신적인 변화를 거치면서 큰 혼란을 경험한다. 그러면서 가족으로부터 독립, 친구 관계, 성욕, 진로, 가치관 등의 자아정체성을 만들어간다. 이러한 특성 때문에 반항적인 모습을 보이지만 이것은 성인이 되기 위해 거쳐야 하는 통과의례이다. 내·외적으로 많은 스트레스를 받게 되므로 아이의 말에 귀를 기울이고 진심으로 공감해 주며 신뢰를 쌓는 것이 앞으로 아이가 미래를 행복하게 살아갈 수 있도록 기틀을 마련해주는 것이다. 사춘기 자녀와 어떻게 소통하면 좋을까? 전문가들이 제시하는 방법을 몇 가지 정리해 보았다. 취미 생활로 스트레스를 분출할 수 있도록 도와준다. 사춘기 스트레스가 심할 때에는 전문가의 도움을 받는다. 부모가 먼저 다가가 공감하며 따뜻한 대화를 시도한다. I-Message로 대화하려고 노력하며 목소리를 반 옥타브만 낮추어본다. 사소한 실수는 그냥 넘어가고 아이와 만든 기준의 명확한 선은 지키도록 한다. 하루 중 단 5분이라도 대화하려고 노력하고 아이의 관심사를 주제로 즐겁게 대화한다. 대화하면서 사소한 것이라도 칭찬해주도록 한다.

책을 통해 얻은 정보도 있지만 중학교 학생들만 20년 넘게 가르치면서 터득한 사춘기 아이들 대하는 방법을 정리해보려고 한다. 우선 평소 관계가 중요하겠다. 어떤 갈등 상황이 생겼을 때 감정적으로 뭔가 쌓인 게 많다 보면 이야기를 풀어나가기가 힘든 경우가 많다. 평소에 우리 선생님은 이런 분이시다, 우리 엄마는 이런 분이시다라는 긍정 이미지를 쌓을 필요가 있다. 필자가 늘 강조하는 '솔선수범'이 여기에도 통하는 방법이다. 학교에서 만나는 낯선 행동을 하는 학생들을 보면 대부분은 부모님과의 관계에 문제가 있는 경우가 많다. 어릴 때 애착 관계가 그만큼 중요하다고 생각한다. 만일 자녀가 부모의 기대와는 다르게 낯선 행동을 보인다면 부모는 인지하지 못하더라도 양육 과정에서 아이가 결핍을 느끼는 부분이 있었다는 것이다. 우리 아들이 자주 쓰는 말 중에 '엄마, 언제 와?'가 있다. 다른 직업에 비해 교사는 방학도 있고 출근 시간이 이른 대신에 퇴근 시간이 이른 편이라 아이와 보낸 시간이 나름 많다고 생각하지만, 주말에 출장이나 방학 때 장기 연수를 가기도 해서 아빠한테 엄마 언제 오냐고 자주 묻고는 했는데, 지금도 한 번씩 필자가 앞에 있는데도 '엄마, 언제 와?'를 장난스럽게 외친다. 지금 생각하면 미안한 마음이 든다. 아이 옆에 좀 더 있어줄 걸 하는 후회가 된다. 이렇게 빨리 훌쩍 커버릴 줄 알았으면 말이다. 지금은 자기 방에 허락 없이 들어오는 것도 싫어하는 아들이지만 '업어 달라, 안아 달라.' 할 때 보면 아직은 아기다 싶기도 하다. 그래서 아직 늦지 않았다고 생각한다. 더 커버리기 전에 나중에 더 후회하기 전에 지금 아들 옆에 있어 주고 필요할 때 바로 손을 내밀어 잡아 주리라 다짐해 본다.

아이와의 관계를 잘 맺기 위해서 우선 아이가 좋아하는 것이 무엇인지 파악하고 아이가 좋아하는 것을 충분히 할 수 있게 해주는 것이 좋다. 아이와 대화를 이끌어가기에 가장 좋은 방법은 함께 여행을 가는 거라고 생각한다. 여행 다니면서 맛있는 것도 같이 먹고 같이 걷고 짐도 들어주고 시간을 함께 보내다 보면 자연스럽게 이런저런 이야기를 하게 된다. 여행하는 과정에서 가족의 소중함을 깨닫게 된다. 2021년 여름방학에 코로나 이후 가지 못했던 가족 여행을 떠났다. 며칠 여행 다녀온 후에는 당일치기로 여행을 가거나 가까운 공원에 산책도 같이 다니고 했는데, 역시 붙어 있는 시간이 많아지다 보니 함께 있는 시간에 익숙해지는 것 같다.

규칙을 세우고 필요할 때는 단호하게 하라!

아이와의 관계를 잘 맺는 것도 중요하지만 무조건 끌려가서는 안 되겠다. 자녀와의 문제로 고민하는 학부모 상담을 하면서 생각해봤다. 학교에서 말을 잘 듣는 아이들이 집에서는 그렇지 않은 원인은 뭘까? 무작정 다 받아주는 것이 능사는 아닌 것 같다. 절대 안 되는 건 안 되는 거다. 이것만큼은 아이에게 심어줘야겠다는 기준이 있다면 그것은 끝까지 관철시켜야 한다. 큰 가이드라인을 세워서 그 규칙에 따르게 하는 것이 중요하다. 육아서나 학급경영 책에서도 아이의 마음은 받아주되 안 되는 건 단호하게 끊어줘야 한다고 말한다. 안 되는 건 끝까지 안 된다는 걸 알아야 아이도 절제를 배운다. 권위는 꼭 필요할 때는 내세워야 한다고 생각한다. 우리 아들도 엄마가 잘 받아주지만 한 번 안 된다고 한 것은 안 된다, 엄마가 화나면 무섭다는 건 안다. 자주 화내고 윽박지른다고 해서 좋은 게 아니다. 오히려 자주 화를 내고 잔소리를 하면 역효과가 날 수도 있다.

학생들을 대할 때 화를 내기보다는 차분하게 이야기하려고 하는 편이고 무엇보다 공평하게 아이들을 대하려고 노력한다. 공평하게 대하기 위해서 내 나름의 규칙을 세세하게 세우고 모든 아이들에게 적용한다. 누구는 봐주고 안 봐주고 내 기분에 따라 이랬다저랬다 하지 않기 위해 세우는 규칙이다. 부모와 자식 관계에서도 감정적으로만 대할 것이 아니라 이런 경우에 이렇게 한다는 규칙을 세세하게 세워두면 오히려 갈등 상황을 피할 수 있지 않을까 싶다.

엄마는 언제나 내 편이라는 믿음을 주라!

　엄마는 내 편이라는 이미지를 심어줘야 한다. 무슨 일이 있어도 우리 부모님은 나를 지지하고 응원해준다는 믿음을 아이가 가질 수 있도록 해줘야 한다. 실수를 했을 때 오히려 아이를 따뜻하게 보듬어준다면 아이와의 관계가 훨씬 더 부드러워지지 않을까. 때로는 손 편지나 카카오톡 메시지로 사랑한다는 표현을 해보는 것도 좋겠다. 우리 부모님한테 이런 면이 있었나 의외성을 심어주는 것도 좋은 방법이다. 필자는 학교에서 아이들에게 '츤데레'로 통한다. 말투가 무뚝뚝해서 처음에는 무서웠는데 잘 챙겨줘서 고맙다는 이야기를 자주 듣는다. 아이들을 잘 관찰하고 있다가 변화를 알아차리고 아는 척을 한다든지 공부나 학교생활에 도움이 될 만한 이야기를 자주 해준다. 평소에 애정 표현을 하기 힘들더라도 결정적인 순간에 자녀에게 응원과 지지의 메시지를 보낸다면 자녀와의 관계가 더 돈독해지지 않을까 싶다.

　전문가들이 이야기하는 자녀와의 긍정적인 의사소통 방법에 대해 알아보자.
　1. 자녀와의 대화 시 끝까지 들어준다. 자녀의 눈을 보면서 이야기를 잘 들어주면, 자녀는 부모가 자신에게 관심을 갖고 있고, 부모로부터 존중받고 있다고 느끼게 된다.

2. 존중하고 공감하는 자세로 반응해준다. "그래서 기분이 좋았구나.", "네가 힘들었구나."와 같이 마음을 읽어주게 되면 자녀는 부모님이 자신을 이해하고 있다고 느끼게 되고 그러면 더 많은 대화를 나누고 싶어질 것이다.

3. 자녀를 비난하거나 지시하는 말은 삼간다. 예를 들어, 주말에 놀러 가자고 말하는 자녀에게 "됐어. 밥 먹고 숙제나 다 해놔.", "너는 자기가 할 일은 하나도 안 해놓고 엄마한테 맨날 요구만 하니?"와 같은 대화는 자녀에게 좌절감을 준다. 이보다는 "주말에 놀러 가게 되면 그날 숙제를 못 하게 되는데, 어떻게 해야 할까?" 등 자녀의 생각을 유도하는 대화가 중요하다.

4. 자녀가 잘하는 것을 구체적으로 칭찬해주도록 한다.

5. 그리고 만약 부모가 잘못한 상황이라면, 부모라도 자녀에게 먼저 미안하다는 말을 해야 한다.

"네가 그렇지. 동생(형) 좀 본받아라."(비교하기/기죽이기)

"누구 때문에 엄마 아빠가 이 고생을 하는데."(탓하기)

"숙제하지 않으면 휴대폰 뺏는 줄 알아."(위협하기)

"너 때문에 부끄러워 못 살겠다. 징글징글해."(짜증스럽게 말하기)

"하라고 했잖아. 왜 그렇게 말이 많아?"(명령하기)

"전에도 그러더니 또 그랬지? 안 봐도 훤하다."(건너짚기)

"너는 어쩌면 매사에 그러니?"(비난하기)

위의 말들을 사용하기보다는 아이가 잘못을 해서 꾸중을 할 때에도 꾸짖기 전에 아이의 생각을 듣고, 긍정적으로 대화를 할 수 있어야 한다. 부모들은 흔히 일방적인 자기주장, 설득, 통보를 대화라고 생각하기도 하는데 자녀들의 속마음이나 생각을 잘 표현하도록 도와주고, 표현된 생각이나 마음을 그대로 받아주는 대화 분위기가 필요하다고 전문가들은 말한다.

참고자료: 교육부 부모교육 매뉴얼, 자녀교육 가이드(2023)

◎ 선경쌤의 중학교 생활 가이드 ◎

사춘기 자녀와 좋은 관계를 유지하기 위해서는 자녀에게 믿음을 주고 솔선수범하는 자세가 중요합니다. 평소 관계가 중요한데 자녀와 많은 시간을 함께 보내는 것이 필요하겠죠. 아이가 좋아하는 것을 파악하여 대화 소재로 해보세요. 규칙을 세워두고 필요할 때는 단호하기도 해야 합니다.

2

"누구나 다 그래요"라지만

    누구나 걱정 근심거리 하나씩은 다 가지고 있다지만 막상 그것이 내 일이 되고 보면 '그럴 수 있지, 괜찮아질 거야.' 이렇게 넘기는 게 쉽지 않 다. 연애 기간이 짧았던 터라 결혼을 해도 아이는 천천히 가질 생각이었 다. 하지만 그 '천천히'가 내가 생각하던 기준을 넘어서고 2년이 넘어가 자 양가 어른들뿐만 아니라 주변 사람들의 걱정이 들려오기 시작했다. 시어머님을 따라 절에 가서 100일 기도를 올리기도 하고 '체온 조절법'을 따르기도 했다. 한약도 먹어봤지만 쉽게 아이가 들어서지 않았다. 마지 막 지푸라기라도 잡는 심정으로 주변에서 소개해주는 병원에 다녔다. 운 좋게도 결혼 4년 만에 아이를 얻었다. 41주에 2.47kg로 태어난 아주 작 은 아기였다. 아이를 가질 때도, 뱃속에 있을 때도 힘들었는데 태어나서 도 잘 먹지 않았다. 비위가 약한 체질에 잔병치레도 잦아 손이 많이 가는 아이였다. 저체중으로 태어나 저신장이 의심되니 전문적인 치료가 필요하다는 의사의 소견에 따라 지금까지도 성장호르몬 치료 중이다.

어렵게 아이를 낳고 2년간 육아휴직에 들어갔다. 아이러니하게도 육아휴직을 하면서 내가 살림에는 별로 소질이 없다는 것과 집에 있는 것을 못 견뎌 한다는 사실을 알게 되었다. 엄마로서 아이를 돌보면서 아이가 자라는 것을 지켜보는 것이 물론 행복했다. 하지만 집에 있는 시간이 무료하게 느껴진 것도 사실이다. 시간이 그냥 흘러가버리는 것 같아 허무했다. 그때 육아일기를 쓰며 그나마 그 허무함을 달랬다. 그때 쓴 3권의 육아일기가 역사로 남아 있다.

2010년은 내 인생에서 가장 힘든 해 중 하나였다. 집에만 있다가 복직하면 홀가분할 줄 알았는데 그렇지가 않았다. 2010년 3월 2일 복직 첫날. 퇴근길 집 앞 횡단보도에서 신호등이 파란색으로 바뀌길 기다리며 눈물을 흘렸다. 집에 오자마자 남편에게 내뱉은 말, '나 사표 쓰고 교육행정직 시험 칠까?' 도저히 학교 시스템에 다시 적응할 수 없을 것 같았기 때문이었다. 학교에서 하루 종일 멍했다. 컴퓨터 화면에 적혀 있는 글씨

를 읽고도 의미 파악이 제대로 되지 않았다. 아이들을 어떻게 대하고 지도해야 할지 막막했다. 듣도 보도 못한 '나이스'라는 행정업무처리 프로그램도 낯설었다. 같은 학년 담임 교사들 중 내가 나이나 경력이 많은 편이라 신규 교사들이 학생 생활지도에 대해 나에게 조언을 구할 때가 많았다. 복직해서 나도 적응하기 힘든데 내 코가 석 자인데…. 정말 그때는 신경이 곤두서서 동료 교사와의 관계가 안 좋아지기도 했다.

  하루하루 지날수록 조금씩 나아지긴 했지만 또 다른 문제가 있었다. 어린이집 종일반에 다니는 아이들이 다 그렇듯, 만 2세 아들은 잔병치레가 잦았다. 폐렴 증상으로 입원한 아이를 돌보다가 학교로 바로 출근한 적도 많았다. 그러다가 나도 병이 나서 며칠씩 병가를 내기도 했다. 어떤 날은 아예 목소리가 나오지 않아 수업하는 데 애를 먹은 경우도 많았다. 성대 결절에 걸려서 수백만 원을 들여 한약도 먹어보고 이비인후과 음성센터에 가서 이런저런 치료도 받아봤지만 나을 기미가 보이지 않았다. 집에서 아기만 보다가 출근을 하니 몸이 탈이 나기도 했겠지만 정신적인 스트레스가 면역력을 크게 떨어뜨렸던 것 같다. 지금 생각하면 그 힘든 시기를 어찌 견뎌냈나 싶다. 하루를 버티고 일주일을 버티고 한 달을 버티다 보니 일 년이 지나가고, 그렇게 10년 이상의 세월이 흘러갔다.

  잔병치레가 잦던 당시 만 2세 아기는 어느덧 중학교 3학년이 되었다. 늘 한 인간으로서, 엄마로서, 교사로서 부족하다고 생각하며 살고 있는데, 10년 전과 현재를 비교해보니 그래도 나름 많은 발전이 있었구나 싶다. 애쓰며 살아온 나에게 토닥토닥 위로해주고 칭찬을 해주고 싶다. 아이를 낳아 15년을 키우면서, 남들은 아이 둘 셋씩 낳아 튼튼하게 잘만 키우는데 나는 왜 이리 고생인가 싶을 때도 많았다. 하지만 그런 고생을 통해 이전에는 미처 알지 못했던 것들을 깨닫게 된 것 같다. 이 세상에서 이익과 손실을 따지지 않고 내가 가진 모든 것을 주어도 아깝지 않을 존재가 자식 말고 또 누가 있을까. 갓난아기일 때는 온 신경이 아이에게 집중되어 아이의 작은 움직임에도 쉽게 잠에서 깼다. 아이가 울며 보채지도 않았는데 쩝쩝 입맛 다시는 소리만 듣고도 저절로 눈이 떠지고 몸을 일으켰던 경험, 엄마라면 누구나 가지고 있을 것이다. 엄마가 아니면 할 수 없는 일들을 해내면서 진정한 어른이 되어가고 있다.

◎ 선경쌤의 중학교 생활 가이드 ◎

비록 지금은 사춘기에 접어들어 말수가 많이 줄고 엄마 마음을 아프게 하는 순간도 있지만, 여전히 사랑스럽고 소중한 존재인 우리 자녀에게, 우리를 성장하게 한 자녀에게, 고맙다는 말과 함께 사랑한다는 말을 전하는 건 어떨까요?

3

학교에서의 자녀 모습, 받아들이자

우리는 여러 가지 페르소나로 살아간다!

"우리 아이가 그럴 리가 없어요."

"우리 아이가 말이 참 없고 조용해요. 마음이 여려서 상처 입을까 걱정이에요."

학부모 상담을 하면 자주 듣게 되는 이야기 중 하나다. 대개는 학교에서 엄청 활발하고 장난이 심한 아이들의 학부모들이 저런 이야기를 한다. 학교에서의 갈등 상황이나 공부 습관 등에 대해 이야기를 하면 우리애는 절대 그럴 리가 없다고 이야기하는 부모들이 많다. 학교와 집에서 학생들이 보이는 행동이 차이가 나기 마련인데… 예전에는 이런 상황을 이해를 못 했다. 도대체 어떻게 하길래 애가 집에 가서 학교에서 일어난 일을 부모님에게 이야기를 안 한단 말인가? 부모와 자녀 사이가 좋지 않다고 내 멋대로 판단해버린 적도 있다. 이제 나도 같은 상황에 처하고 보니 학부모들의 심정이 이해가 간다. 좀처럼 학교 이야기를 하지 않는 아이들. 학교에서 어떻게 생활하고 있는지 담임 선생님에게 묻지 않는 이상 알아낼 방법이 없다. 가만히 생각해보면, 학교와 집에서의 행동이 다른 것이 어쩌면 자연스러울 수도 있다. 우리는 여러 가지 페르소나로 살아간다. 어른들도 마찬가지가 아닌가. 학교에서 교사로서의 내 모습과 아들과 있을 때의 내 모습, 동료들을 만날 때의 내 모습이 다 다르지 않은가. 아이들도 친구들끼리 있을 때의 모습과 부모님하고 있을 때 교과 선생님과 있을 때 담임 선생님과 있을 때 행동이 다 다른 것은 어떻게 보면 너무나도 당연한 이치이다.

"아이가 공부를 떠나서 학교생활 잘 적응하고 있는지가 궁금해요."

얼마 전 아들 담임 선생님에게 전화로 상담을 신청했다. 1학기 때 전화 드렸을 때 아들이 휴대폰으로 게임을 너무 많이 해서 한 번 압수한 적이 있다고 했다. 하루 휴대폰 사용 시간은 2시간으로 제한하고 있어서 기준으로 잡은 사용 시간을 넘기면 앱으로 알림이 온다. 안 그래도 학기 초에 휴대폰 사용 시간을 학교 일과 중에 많이 넘기길래, 수업 시간에 사용했나보다 했는데 알고 보니 점심시간에 휴대폰을 받아 친구들과 게임을 한 모양이었다. 집에서는 특별히 게임을 하는지도 몰랐는데, 친구들과 어울렸다고 하니 내심 안심이 되기도 하면서도 얼마나 게임을 많이 했으면 선생님에게 압수까지 당했을까 걱정되는 마음도 있었다. 그래도 그 이후로는 압수당할 만큼 휴대폰을 많이 사용한 적은 없다고 하니 다행이다 싶었다.

중학교 1학년을 자유학년제로 보내고 2022년 첫 시험을 치른 아들. 이과 계열로 진학을 하려면 과학 관련 활동을 좀 해두는 게 좋지 않을까 싶은데 영재반 등록이나 여타 다른 활동에 참여를 해보라고 해도 말 꺼내는 것조차 반기지를 않으니 선생님께 한번 부탁드려보기로 했다.

"우석이가 선생님 말씀을 잘 들으니, 과학 관련 동아리 활동이나 대회 등이 있으면 넌지시 나가라고 한 번 말씀해주세요."

예전에는 이런 관심을 보이는 학부모들을 보면 별스럽다고 생각할 때도 있었는데 막상 내 이야기가 되고 보니 그때 그 부모님들의 심정이 이해가 된다. 아이가 학교에서 어떻게 생활하는지 알 수가 없고 딱히 자기 입으로 어떤 분야에 관심이 있으니 이런, 이런 지원을 해달라는 이야기를 하지 않으니 부모는 답답할 수밖에 없다.

"우석이가 아이들하고 잘 어울려요. 국어 시간에 발표할 내용에 대해서도 쉬는 시간마다 연습하고 아침 자습 시간에는 학원 숙제를 하느라 분주하던걸요."

담임 선생님 이야기를 통해 아들의 학교에서의 모습을 상상해본다. '아, 우리 반 아무개랑 비슷하게 행동하는 것 같네. 그래, 그 정도면 됐지. 그런데 선생님이 읽으라는 책을 좀 더 읽으면 좋을 텐데… 집에서 읽은 책도 많은데 왜 읽었다는 이야기를 선생님한테는 하지 않았을까' 등 알면 또 아는 만큼 간섭하고 싶어지는 엄마의 마음… 역시나 담임 선생님과 상담을 하고 나니 아들한테 아는 척하고 싶은 마음이 올라온다. 하지만 그런 마음을 스스로 가라앉히고 아들이 먼저 이야기를 꺼낼 때까지 믿고 기다리기로 한다. 진짜 큰 문제가 있으면 학교에서 먼저 연락이 오겠지 라는 마음으로.

자녀의 학교생활을 위해 담임 교사의 편에 서라!

선생님에게 불만을 가진 자녀를 대할 때 부모는 자신의 기분을 바로 드러내지 않도록 하는 것이 좋다. 비록 교사의 태도에 화가 나도 교사를 공격하는 말은 하지 않는 것이 좋다. 만약 부모가 선생님이 공정하지 않다고 느끼더라도 다른 사람을 비난하는 것은 그들과 사이좋게 지내는 법을 터득해야 하는 아이들에게 전혀 도움이 되지 않기 때문이다. 그러므로 부모는 신중하게 말해야 한다. 자녀의 말을 있는 그대로 받아들이기보다는 그 말이 나온 감정, 마음속 깊은 뜻을 알아주고 끌어내어서 자녀를 이해하고 있다는 것을 확인시켜주는 것이 더 중요하다. 부모님에게 혼날 것이 두려워 자신의 잘못을 숨기거나 별것 아닌 것처럼 이야기하는 것이 아이들의 보편적인 심리이다. "선생님이 싫어요."라고 할 때 '선생님과 뭔가 안 좋은 일이 있었구나. 그래서 화가 나 있구나.' 하는 점을 알아주어야 한다는 것이다. "학생이 선생님을 그렇게 말할 수 있느냐."라고 설교하든가, "그 선생님 정말 나쁜 사람인가 보다." 하고 편들어준다고 아이들이 좋아하지 않는다. "네가 선생님 때문에 속상한 일이 있었구

나. 뭔가 공정하지 못하다고 생각한 모양이지?"라고 하면서 아이의 감정을 아이가 표현한 만큼만 알아주는 것으로 부모님의 응답은 충분하다고 생각한다. '아, 우리 부모님은 내 기분을 알아주는구나.'라고 자녀들이 느낄 수 있다면 그다음 문제는 자녀들이 스스로 알아서 처리할 것이다. 어느 정도 감정을 분출할 통로를 찾아서 마음이 진정되면 이성적인 판단을 할 수 있기 때문이다. 부모님과 상담을 하고 나서 늘 당부드리는 말씀이 있다. "어머님, 오늘 민준이가 저랑 상담한 거 알고 있을 텐데요. 민준이한테 선생님이 많이 칭찬한다고 전해주세요. 잘한다고 인정받고 있다고 생각하면 더 잘하거든요." 부모와 교사가 한 마음으로 자신을 지지해준다고 느낄 때 학생들의 자존감도 올라가고 학교생활이 더 즐거워질 것임을 믿기 때문이다.

◎ 선경쌤의 중학교 생활 가이드 ◎

자녀가 학교에서의 모습과 가정에서의 모습이 다를 수 있다는 것을 인정하고 담임 선생님의 의견을 열린 마음으로 받아들이도록 합니다. 필요한 경우에는 교사에게 도움을 적극 요청해요. 자녀의 학교생활 적응을 위해서는 학교와 담임 교사에 대해 긍정적인 이미지를 심어주는 것이 좋습니다.

4

친구 같은 엄마가 되자

"우석이가 엄마랑 친하다고 하더라구요~."

아들 담임 선생님들로부터 매년 듣는 소리다. '음, 친하다고 생각하니 다행인걸.' 이렇게 안심이 되면서도 '친하다면서 학교 이야기 물으면 왜 대답을 안 하지?' 이런 생각이 들 때도 있다. 아무튼 아들이 억지가 아니라 스스로 엄마와 친하다고 이야기한다는 건 긍정적이다. 아이가 하나다 보니 아직까지도 같이 시간을 보내야 할 때가 많다. 굳이 뭘 같이 하지 않더라도 아이만 혼자 집에 두는 것이 마음이 편치 않기 때문에 부부 둘 중 한 명은 꼭 집에 머무는 편이다. 혼자 자라다 보니 아들은 혼자 놀기의 진수를 보인다. 공 하나만 있으면 몇십 분은 혼자서 거뜬히 논다. 어릴 적에 한때 야구선수를 꿈꾼 아들이라서, 그 당시 야구 관련 책을 보며 공 던지는 자세도 연구하고… 땡볕에 운동장에 자주 불려나갔었는데 자세 하나는 우리 아들이 끝내줬다. 태권도 다닐 때도 마찬가지였다. 시범

단에 들어갈 정도로 품새가 좋았다.

"엄마, 이거 받아!"

수시로 날아드는 공. 피하면 피한다고, 받으려고 하다가 놓치면 놓친다고 원망이 돌아온다. 같이 산책 나가는 것은 요즘은 뚝 끊겼지만, 아직까지 영화관 데이트는 가끔 한다. 이 글을 쓰는 오늘 아침에도 나한테 와락 안겨서 원숭이처럼 매달려서는 부엌까지 아침을 먹으러 나왔다. 자기 방에는 들어오지도 못하게 하면서 이럴 때 보면 또 아직 아기다 싶다. 내키를 이미 훌쩍 넘긴 아들을 들어 안고 나오는 내 모습을 보며, 남편은 "야~ 우석 엄마 참 체력 좋다!" 하며 놀리곤 한다.

"우석이가 저를 너무 편하게 생각하고 함부로 대하는 것 같아 걱정이에요. 제가 자기 친구인 줄 알아요."

어느 날 지인에게 이렇게 이야기했더니 "친구 같은 엄마가 얼마나 좋은 건데요~"라고 한다. 그래, 친구 같은 엄마 참 좋다. 그런데 조금 더 욕심을 내자면 시시콜콜 자기 속마음 이야기도 나한테 좀 하고 그러면 좋겠는데 말이다. 혼자 속으로 생각하고 알아서 하는 게 어찌 보면 나랑 닮은 것도 같다. 나 또한 엄마나 아빠, 남동생한테 내 속마음을 이야기한 적이 별로 없으니까. 이런 성격도 다 유전이 되나 보다. 한 번씩 '너는 왜 학교 이야기 안 해? 왜 네 속마음 이야기 안 해?' 싶다가도 '아, 나도 그랬었지.' 싶어 그냥 입을 다문다.

친하다. '가까이 사귀어 정이 두텁다.' 저마다 친함의 정의는 다 다를 것이다. 친한 친구가 몇 명이나 되느냐, 가장 친한 친구가 누구냐 이런 질문에 대답하기 쉽지 않다. 가장 기억에 남는 영화, 책 추천 이런 질문에 선뜻 대답을 잘 못하는 내 성격 탓도 있겠지만. 내가 친하다고 생각하는 사람이 정작 나를 친하게 여기지 않을 수도 있고 반대로 나는 친하고 각별하다 생각하는데 상대는 누구에게나 다 잘 스스럼없이 대하는 성격인 걸 알고 실망할 때도 있었던 것 같다. 나이가 들수록 한 사람을 친하다는 이유로 묶어두려는 시도도 줄어들고 있는 것 같다. 가족에게도 마찬가지가 아닐까. 친밀감을 느끼는 것과 일거수일투족 다 간섭하고 방해받는 것은 다를 것이다. 아들이 나에게 친밀감을 느끼고 있는 건 참 다행인 거고 이런 관계를 유지하기 위해 계속 노력해야겠다.

자녀와 친밀함을 유지하기 위해서는…

자녀와 친밀감을 유지하는, 친구 같은 엄마가 되기 위해 어떤 노력을 하면 좋을까?

첫째, 아이의 관심사를 파악하는 것이 도움이 될 것이다. 아이들은 사소하지만 자신이 중요하게 여기는 일에 공감과 관심을 받으면 부모로부터 사랑받고 있다는 느낌을 갖는다. 가랑비에 옷이 젖듯 조금씩 그러나 확실하게 말이다. 아들이 야구를 한창 좋아할 때는 함께 야구장에 갔고 선수들 응원가도 다 외워서 오버하며 불러줬다. 아들보다 더 신나게 응원하고 구경했다. 아들이 부끄러워할 만큼. 해리 포터를 한창 좋아하던 아들을 위해 런던 여행 가서 해리 포터 투어를 했다. 아이에게 좋은 추억을 선물하고 싶었다. 중학교 올라가면서 학업에 좀 더 신경을 쓰고 태권도는 그만하는 게 어떨까 하는 생각도 잠시 했었지만, 아들이 4품까지 따고 싶어 해서 본인이 정한 목표를 이룰 때까지 기다려줬다.

둘째, 하지 말라면 더 하고 싶게 되는 원리를 역이용해보자. 우리나라 아이들이 게임을 좋아하는 이유는 학교에서 게임을 가르치지 않기 때문이고 부모들이 게임을 못 하게 하기 때문이라는 우스갯소리가 있다. 일리가 있다는 생각도 든다. 어릴 때부터 그 나이에 감당하기 어려운 선행학습을 진행하면 아이의 동기와 호기심을 망가뜨려 공부의 흥미를 잃게 만든다고 한다. 독일에서는 사교육 금지법이 있어서 철저하게 선행학습을 금하기도 한다. 어릴 때부터 학원에 다니면서 수업 내용을 이미 한 번 이상 보고 오는 우리 학생들은 수업에 당연히 흥미가 떨어질 수밖에 없다. 공부를 하게 하는 가장 좋은 방법은 공부를 하고 싶어 안달이 날 때까지 막아서는 것이다. 아들한테 한 번씩 "너 청개구리니? 왜 꼭 반대로 해~"라고 할 때가 있는데 아이들의 그런 심리를 잘 이용하면 부모가 원하는 결과를 얻을 수도 있을 것이다.

셋째, 자녀의 친구와 친해지는 건 어떨까? 심리학자 주디스 R. 해리스는 아이의 미래 성공적인 적응 여부는 부모의 사랑을 얼마나 받는가보다 같은 세대에 속해 남은 삶을 함께 보내게 될 또래와 얼마나 잘 지내는가가 더 핵심적으로 결정한다고 했다. 왜 아이들이 자기 또래 아이들에게 정신이 팔리는지를 이보다 더 간명하게 설명해주는 말은 없을 것이다. 자녀들이 친구들과 어울리고 싶어 하는 그 심정을 공감해주고 안전한 환경에서 친구들끼리 좋은 시간을 보낼 수 있도록 배려해주면 어떨까. 중학생 무렵엔 친구가 가장 중요한 요소 중 하나이다. 이때의 특징은, 엄마 말은 안 들어도 친구 말은 듣는다. 남자 아이들, 특히 심하다. 어떻게 하면 좋을까? 아이가 친구에게 집착하면 부모는 '절대'라는 말을 하면 안 된다. '그런 애랑 놀지 마.'라고 말해서도 안 된다. 이 말을 듣는 순간, 아이는 부모에게 실망하게 된다. 친구에 대한 애착이 오히려 더 생기게 된다. 그러면서 부모와 멀어진다. 어떤 친구와 사귀느냐에 집중하지 말고 어떤 행동을 하는지 집중하자. 친구와 놀 때 하면 안 되는 것을 알려주고 관찰하자. 친구에 대해 인정해주면 부모에 대한 마음이 열린다. 자녀의 친구에 대해 알려는 노력, 친구를 인정해주는 것이 좋다.

◎ 선경쌤의 중학교 생활 가이드 ◎

자녀와 친밀감을 유지하기 위해 아이의 관심사를 파악하고 원하는 활동을 할 수 있도록 지지해줍시다. 친구들과 어울리고 싶어 하는 자녀의 심정을 공감해주고 안전한 환경에서 친구들끼리 좋은 시간을 보낼 수 있도록 배려해주면 어떨까요.

5

우리 아이의 꿈 응원가가 되자

"특기하고 관심사에 뭐라고 적어? 난 특별히 잘하는 게 없는 것 같은데."

"너 잘하는 거 많잖아. 야구도 잘하고 책도 많이 읽고… 너 잘하는 거 적어."

"장점에 뭐라고 적어?"

"장래 희망에 뭐라고 적어? 하고 싶은 거 없어."

학교에서 가지고 온 기초조사서를 작성하며 이것저것 묻는 아들. 초등학교 저학년 때만 해도 이것저것 하고 싶은 것도 많고 자신만만하던 아들이 어느 순간 자기는 잘하는 것이 없다며 주눅 든 모습을 보였을 때, '내가 뭘 잘못한 걸까. 특별히 닦달하고 기죽인 것도 없는데.' 하고 안타까운 생각이 들었다. 초등학교 1학년 때는 역사학자를 꿈꾼 아이. 어릴 때부터 역사책 읽기를 좋아해서 웬만한 역사적 사건과 연도는 술술 이야기하던 아들. 창경궁 투어 갔을 때 퀴즈를 맞혀서 어른들에게 칭찬받던 때가 엊그제 같은데…. 초등학교 2학년 때는 야구선수가 되겠다며 야구부가 있는 학교로 전학을 보내달라고 한동안 졸라대서 설득하느라 난감했었는데…. 아들 덕분에 야구장도 가보고 선수들 응원가도 외우고 참 즐거운 한때를 보냈는데 이제는 같이 야구장 가자는 이야기도 하지 않는다. 지금은 커서 뭐가 될 거냐고 물으면 엄마는 알 것 없다는 표정은 기본이고 속으로 무슨 생각을 하는지 알 수 없으니, 뭐가 되겠다고 하기는커녕 진짜 아무 꿈도 없는 건 아닌지, 하고 싶은 게 없는 건 아닌지 그게 걱정이다. 이렇게 될 줄 알았으면 야구선수 하고 싶다고 할 때 말리지 말고 리틀 야구단에도 보내고 아들 하고 싶은 거 실컷 해보라고 할 걸 싶기도 하다. 만 11세까지 해리 포터 마법 학교 입학증을 받을 수 있다며 몇 년 동안 크리스마스 선물로 해리 포터 마법 학교 입학증을 기다리던 아들이었는데….

꿈을 잃어가는 나이, 아홉 살

"And in an intro to one of our early albums, there is a line that says, 'My heart stopped when I was maybe 9 or 10.' Looking back, I think that's when I began to worry about what other people thought of me and started seeing myself through their eyes. I stopped looking up at the night skies, the stars, I stopped daydreaming.

Instead, I just tried to jam myself into the molds that other people made."

"저희의 초기 앨범 인트로 중에 이런 가사 구절이 있습니다. '내가 아홉, 열 살쯤 내 심장이 멈췄다.' 돌이켜보면, 그때가 다른 사람들이 나를 어떻게 보는지에 대해 걱정하기 시작하고, 그들의 눈을 통해 저 자신을 보기 시작했던 때였던 것 같습니다. 저는 밤하늘과 별을 바라보는 것을 멈췄고, 꿈을 꾸는 것을 멈췄습니다. 대신에 다른 사람들이 만들어 놓은 틀에 저를 끼워 맞추려고 노력했습니다."

BTS 유엔 연설문 중에 위와 같은 구절이 있다. 학생들과 수업 중에 자신에게 가장 와닿는 구절을 찾아 서로 이야기 나누는 활동을 했다. 많은 아이들이 위의 구절을 골랐다. 고른 이유는 자신들도 공감이 된다는 거였다. 자신들도 9살 때부터 주변 시선에 신경 쓰기 시작했고 자신의 한계를 느끼기 시작했다는 것이다. 아들 일기장을 몰래 훔쳐본 적이 있다. 초등학교 저학년 때 쓴 일기에서 '유치원 때는 꽤 잘 나갔었는데 초등학교 삶은 그리 즐겁지만은 않다.'라는 내용을 읽고 마음이 아팠다. 우리 아들도 딱 그맘때쯤부터 자신의 꿈을 이야기하는 것을 멈춘 것은 아닌지···. 학생들에게는 "꿈을 가져라, 할 수 있다!" 말하면서 정작 아들에게는 꿈을 심어주지 못한 것 같아 마음이 아프다. 미국의 심리학자 마틴 셀리그만에 의하면 초등학교 2~3학년이 비관론이 형성되는 시기라고 하는데 BTS 연설문 내용과 학생들의 반응과도 딱 맞아떨어지는 것 같다.

우리 아들뿐만 아니라 내가 만나고 있는 대부분의 학생들도 비슷한 상황이다. 우리는 언제부턴가 꿈을 잃고 산다. 주변의 시선에 나를 가두고 스스로 나를 가둔다. 나 또한 그렇게 살아왔던 것 같다. 내 꿈이 뭔지도 모른 채 무엇을 하고 싶은지 고민도 없이 선생님이 부모님이 하라는 대로 하는 말 잘 들으며 살아왔던 것 같다. 40대로 접어들면서 내가 진정 원하는 것이 무엇인지 다시 고민하기 시작했던 것 같다. 하고 싶은 게 많아지면서 몸은 좀 고되지만 예전에 생각하지 못했던 것들을 경험하며 성장하고 있다고 생각한다.

"꿈을 향해 날갯짓하는 우리의 인생. 꿈을 좇다가 추락할 수도 있고 크게 다칠 수도 있으며 불행하게도 목숨을 잃는 수도 있겠지요. 그러나 도전하는 인생이 아름답습니다. 적당히 견적 나오는 플랜을 세우며 자신의 한계를 스스로 지운 채 안주하는 삶이 아니라 한 번 주어진 인생. 소명을 따라 나의 한계를 계속 돌파하며 꿈을 향해 현실을 박차고 날아오르는 삶을 꿈꿉니다." ─조신영 작가님

초등학교 시절부터 교사가 되는 것이 꿈이었다. 20대에 교사가 되었으니 어떻게 보면 나는 일찌감치 꿈을 이룬 셈이다. 꿈을 이루었으니, 남들 보기에 안정적인 직장에 다니고 있으니 현실에 만족하며 살면 그만인데 지금까지도 난 뭘 그리 분주하게 살고 있을까? 임용고시를 칠 때만 해도 시험에 합격만 하고 나면 내 인생은 걱정할 것이 하나도 없을 줄 알았다. 하지만 '교사'라는 직업을 가졌다고 해서 모든 문제가 해결되는 것은 아니었다. 좋은 대학에 들어가기만 하면, 좋은 직장에 들어가기만 하면, 모

두 그렇게 생각하고 살지만 좋은 대학을 졸업하는 것이 좋은 직장을 가지는 것이 인생의 모든 문제를 해결해 주지는 않는다. '어떤 직업을 갖느냐보다 어떻게 살아갈지가 중요하다. 어릴 때는 꿈이 뭐냐고 물으면 직업부터 떠올렸지만 지금의 나는 꿈이 뭐냐고 물으면 내가 하고 싶은 일들, 되고 싶은 사람이 떠오른다. 나는 아이들에게 좋은 영향을 끼치는 교사, 어른이 되고 싶다. 나는 아이들의 꿈을 키워주는 교사이고 싶다. 언제부턴가 내가 만드는 활동지 맨 아래에는 '선생님은 여러분의 꿈을 응원합니다!'라는 문구가 늘 새겨져 있다. 꿈꾸는 삶이 그만큼 중요하다고 생각하기 때문이다. 그리고 자신이 가진 꿈을 이루기 위해서는 그 꿈을 응원해주는 사람이 꼭 필요하다고 생각하는데 내가 학생들에게 그런 역할을 해주고 싶다. 이뤄질 것 같지 않은 꿈이어도 마음껏 꾸는 그런 청소년, 어른이 되면 좋겠다. 경험상 꿈꾸다 보면 그게 또 현실이 되기도 하더라. 우리 아들이 가슴속에 꿈을 품고 살아가기를 바란다. '너는 왜 꿈이 없니?'라고 말하기 전에 엄마가 먼저 꿈꾸고 그 꿈을 하나씩 이뤄 나가는 모습을 보여주려고 한다. 비록 그 꿈을 이루지 못하더라도 꿈꾸고 꿈을 향해 걸어가는 그 여정을 즐기는 모습을 보여주려고 한다.

자녀의 진로 방향을 설정하기 위해서는 부모는 아이가 좋아하고 관심 있어 하는 것, 그리고 잘하는 것과 미래 사회에 발전 가능성이 있는 것을 함께 고려해야 합니다. 자녀가 필요로 하는 역량을 갖출 수 있도록 지원해주어야 합니다. 자녀의 꿈 응원가가 되어 자녀들이 마음껏 꿈을 펼치도록 지원해줍시다.

6

엄마의 꿈과 인생을 먼저 찾자

"너 커서 뭐가 되려고 그러니?"

"어? 나? 나 커서 훌륭한 사람 될 건데."

(어이없다는 듯이 웃더니) "그래, 꼭 훌륭한 사람 되거라이~."

얼마 전 나눈 남편과 나의 대화이다. '커서 뭐가 될라카노?' 묻길래 처음에는 아들한테 하는 말인 줄 알았는데 알고 보니 나한테 묻는 거였다. 남편한테는 하고 싶은 일 하러 돌아다니고 이 일 저 일 벌이는 내가 철딱서니 없어 보이나 보다. 오십을 바라보고 있는 이 나이에도 나는 꿈이 참 많다. 보통 어릴 적에 이런저런 꿈이 많고 성인이 되어서는 별 꿈이 없다고들 하는데 나는 반대다. 요즘 오히려 하고 싶은 일들이 더 많다.

얌전하게 10대를 보냈다. 대가족 속에서 자라면서 수줍음이 많고 큰 존재감이 없던 나는 공부로 내 존재감을 높였던 것 같기도 하다. 부모님, 선생님들이 시키는 대로 열심히 공부했다. 교과서 공부하느라 소설이나 문학작품을 읽는 것도 참았다. 지금 생각하면 참 어리석은 일이다. 한창 감수성 예민할 때 책을 많이 읽었으면 좋았을 텐데…. 20대에는 나름 열심히 놀았다. 모범생으로 지내던 중·고등학교 시절에 비하면 말이다. 술도 마시고 노래방도 가고… 고등학교 졸업하고 처음 간 노래방에서 의외의 재능을 발견했다. 그전까지 남들 앞에 나서서 노래할 기회가 없어 몰랐는데 다들 나보고 노래를 잘한다고 했다. 조용히 앉아 있다가 고음 불가 노래를 거뜬하게 소화해내는 나를 보고 사람들이 신기해했다. 마이크를 잡는 순간 내 존재감이 올라갔다. 사실 노래 듣고 따라 부르고 용돈 모아 음반 사고 콘서트장에 다니는 것이 학창 시절 나의 유일한 취미 생활이긴 했다. 즐겨 듣고 부르던 노래야 수도 없이 많았지만, '아, 이거 딱 내 이야기네.' 하던 노래가 있다.

Thank you for the music — ABBA

I'm nothing special, in fact I'm a bit of a bore

If I tell a joke, you've probably heard it before

But I have a talent, a wonderful thing

'Cause everyone listens when I start to sing

I'm so grateful and proud

All I want is to sing it out loud

~ 후략

저는 특별한 것이 없어요. 어찌 보면 좀 지루한 사람이기도 해요.

제가 만약에 우스운 얘기를 해도 아마 들어본 적이 있는 (진부한) 얘기일 거예요.

그런데요. 제게도 아주 놀라운 재주가 있답니다.

그게요. 제가 노래만 하면 사람들이 귀 기울여 듣는답니다.

그게 얼마나 기쁘고 감사한 일인지 몰라요.

그래서 저는 (큰 소리로) 노래 부르는 것을 좋아해요.

~ 후략

그래, 난 참 진지하고 재미가 없는 사람이었지만 막연하게 가수가 되고 싶다는 꿈도 꾸었다. 대학교 때 밴드부 보컬에 도전해보고 싶었지만 남들 앞에 서는 게 부끄러웠다. 대학 시절 밴드 동아리에 들어가지 않은 것이 지금도 아쉬움으로 남는다. 왜 좀 더 용기를 내지 못했을까. 그때 아쉬움이 남아서인지 교사가 되고 나서 학교 축제에서 무대에 설 일이 많았다. 교사 밴드에서 노래도 부르고 드럼도 치고 댄스 공연도 하고… 나름 가수의 꿈을 이루며 살고 있는 셈이다. 30대의 나는 결혼과 육아에 대부분의 시간을 보냈다. 결혼을 하고 몇 년 동안은 나 자신보다는 가정생활이 우선이었고 아이가 태어나고 나서는 휴직을 하고 육아에 전념했다. 육아가 원래 누구에게나 힘든 일이지만 결혼 4년 만에 아이를 가지고 낳아 키우는 과정이 유난히 힘들었다. 서서히 내가 하고 싶은 일을 하나둘 찾아가기 시작한 것이 40대 접어들면서부터이다. 복직 후 보상심리에서였는지 연수를 열심히 들으면서 전공 분야에 전문성을 쌓아 나갔다. 우연한 기회에 번역서를 출간하게 되었고 번역이 아닌 내 이야기를 책으로 내고 싶다는 꿈이 실현되어 지금은 10권 이상의 책을 출간한 작가로도 활동하고 있다. 지금도 여전히 필자는 작가를 꿈꾼다. 더 정확하게 말하자면 평생 책 읽고 글 쓰는 삶을 꿈꾼다. 책 몇 권을 냈다고 해서 작가의 꿈을 이루었다고 말하기는 힘들 것이다. 단순히 책을 내는 것이 목적이 아니라 글 쓰는 삶을 살고 싶다. 내 생각을 생각한 대로 글로 잘 표현하고 싶다. 내가 쓴 글로, 책으로 세상 사람들에게 좋은 영향력을 끼치며 살고 싶다. 남은 인생은 글로써 내 존재감을 드러내고 싶다. "투명 인간으로 살고 싶지 않다."라는 강원국 작가님의 말씀이 내게 큰 울림으로 남아 있다.

50을 바라보는 지금도 여전히 여러 꿈을 꾸어본다. 내가 쓴 책을 내 목소리로 녹음한 오디오북을 내고 싶다. 고전을 읽고 탐구하는 삶을 살 것이다. 1년에 1권씩은 책을 내며 살고 싶다. 고래학교(필자가 운영하고 있는 교사성장학교) 건물을 짓고 싶다. 건물을 짓게 되면 JYP 사옥처럼 친환경 자재로 건물을 짓고 교사들을 위한 각종 시설을 구비할 생각이다. 북 카페, 안마실, 키즈 카페 등. 고래학교 행사 때마다 그곳에서 공연도 하고 싶다. 아카펠라, 뮤지컬 공연도 정기적으로 할 생각이고 책 수익금은 정기적으로 기부도 할 생각이다. 국내 PBL 전문 센터도 운영하고 싶다. 퇴직 후에는 독서모임 리더로 살아갈 것이다. '언제 철들래?' 언제고 누가 묻는다면 나는 한 치의 망설임도 없이 대답하겠다. '철 안 들 건데.'

이렇게 사는 것이 철이 없는 것이라면 나는 평생 철없이 살겠다. 50대, 60대의 나는 어떤 꿈을 꾸고 또 이루어갈까. 상상만 해도 설렌다. 『하루 1% 변화의 시작』의 저자 이민규 교수님 앞에서 〈15일의 기적〉 프로젝트 실천 사례를 발표한 적이 있다. "'그게 되겠어?'라고 말하는 사람은 꿈을 이루지 못한 사람들이다. 다른 사람 말에 휘둘리지 마라. 그걸 해내는 사람이 최고의 증거이다. 최선경 선생님이 그 증거가 되면 된다."라는 말씀을 해주셔서 힘이 났다. 다른 사람이 꾸는 꿈의 증거가 되는 삶. 참 멋지지 않은가.

◎ 선경쌤의 중학교 생활 가이드 ◎

자녀가 꿈을 꾸는 사람으로, 꿈을 이루며 사는 사람으로 자라기를 바란다면, 부모가 먼저 꿈을 꾸고 그 꿈을 향해 도전하는 모습을 보여줘야 합니다. 꿈을 이룬 사람은 그 꿈을 꾸고 있는 이들에게 도전할 용기와 희망을 주게 됩니다. 부모님이 자녀에게 희망의 증거가 되어주면 어떨까요?

7

칭찬은 고래도 춤추게 한다

"아이고, 우리 우석이~ 누가 이렇게 잘 생기게 낳아줬어?"

"우리 우석이가 제일 귀엽지? 우리 우석이보다 더 귀여운 사람 있어?"

필자가 아들한테 자주 하는 이야기다. 뭔가 이야기를 했는데 내가 별 반응이 없을 때 아들이 먼저 "아이고 우리 우석이~ 왜 안 해?"라고 할 때도 있다. "우리 우석이 잘생긴 거 방송할까?"라고 하면 "어~." 하며 씩 웃는다. 중학교 3학년이 되는 지금도 가끔 자장가를 불러달라고 하는 아들. 다리도 주물러 달라고 하고. 아직까지도 어린애 짓을 한다. 나도 누군가 나한테 "아이고 우리 선경이~ 왜 이렇게 예뻐~." 이렇게 해주면 기분이 좋을 것 같다. 누구나 그럴 것이다. 이 글을 쓰고 있자니, 우리 반 아이들에게도 "아이고 우리 대현이~ 아이고 우리 나경이~ 왜 이렇게 예뻐~." 이렇게 한 번씩 해줘야겠다는 생각이 든다.

학생들에게 '츤데레'라는 소리를 종종 듣는다. 무뚝뚝하고 무서워 보이는데 잘해주신다고. 우리가 원하는 건 다 해주신다고. 평소에 잘 관찰하고 있다가 아이들의 변화를 알아차리고 한마디씩 툭 던지는 데 감동을 받는 아이들도 있다. 호들갑 떨며 꼭 말로 하는 칭찬이 아니더라도 너를 믿는다는 강한 지지의 눈빛을 보내고 믿고 기다려주는 것이 아이들에게 큰 힘이 됨을 그간의 경험으로 알고 있다. 수업 첫 시간에 학생들에게 내 소개를 하면서 '선생님은 예쁘다는 말보다 어리다는 말을 더 좋아한다.'라는 사실을 알린다. 선생님이 등장할 때 박수와 환호로 맞이하라는 규칙도 꼭 이야기해준다. 의외로 아이들이 호응을 잘 한다. 출입문을 열고 교실에 내가 들어서면 박수와 환호를 보낸다. 내 시간에 그렇게 하다 보면 아이들이 다른 수업 시간 시작하기 전에도 선생님들에게 박수와 환호를 보내는 경우가 많다. 전이되는 것이다. 수업 첫 시간부터 교육을 잘 시켜서 그런지 복도를 지나치다가 만나는 학생들 중에 "오, 선생님 오늘 너무 예뻐요. 오늘 어려 보이세요. 평소에는 20대 같았는데 오늘은 10대 같아요." 이렇게 말을 걸어오는 아이들도 종종 있다. "어, 10대면 너희들이랑 친구네. 고마워. 하하." 이런 대화가 한 번씩 오고 간다. 빈말이라도 "예뻐요. 어려 보이세요. 옷이 잘 어울려요." 등의 이야기를 들으면 기분이 좋다. 학기 말이나 학년말에 〈선생님 사용설명서〉라는 것을 받는다. 선생님을 전혀 모르는 후배들에게 선생님 시간에 '이것만 피하면 사랑받을 수 있다, 이런 행동은 피해라'를 적어보라고 한다. 설문에 적힌 내용을 보니 '선생님도 학생들과 친하게 지내는 것을 좋아하니 가까이 다가가서 말을 자주 하고, 어려 보인다는 말을 좋아하니 자주 해드려.'라고 되어 있어서 혼자 웃었다. 아이들 눈에도 내가 좋아하는 표정이 보였나 보다. 마스크 안에서도 미소는 감춰질 수 없는 모양이다. 해마다 비슷한 이야기들이 나오는데 2022년에 한 여학생이 설문에 남긴 글을 보며 한 해의 피로가 다 날아가는 기분을 느꼈다.

"중학교 1학년 때 선생님을 만난 건 행운인 것 같아요.

처음에 저는 영어가 재미도 없었고 잘 못하니

자신감도 없고 흥미도 없었어요.

하지만 선생님을 만나고 남은 기간에는 더욱 열심히 하여

좋은 결과를 봐야겠다는 욕심이 생겼어요.

그래서 선생님께 감사하기도 하고 매번 열심히 하시는 모습에

저도 따라 매 순간 열심히 하게 된 것 같아요.

드리고 싶은 말은 많지만 이 칸에 다 적기는 힘드네요.

그리고 평소엔 잘 웃으시는 거 같은데 수업에는 집중을 하시더라고요.

제가 감히 이런 말 드려도 될진 모르겠지만

웃으실 때 정말 예쁘십니다~.

아 그냥 계셔도 멋지시고 예쁘시지만요^^;

제가 지금 무슨 말을 하고 있는지 모르겠지만

존재만으로 빛나는 선생님 저에게 좋은 영향을 주셔서 감사하고

수업마다 매일매일 추가되는 영어에 놀라기만 합니다.

선물 같은 하루를 선물해주신 거 같아요.
선생님도 매일매일이 선물 같은 하루 되시길 바랍니다.
오늘 하루, 내일 하루, 매일 좋은 하루 보내세요!"

자녀들은 이런 말을 듣고 싶어 해요!

반 아이들에게 듣고 싶은 말을 물어보고 친구들끼리 서로 해주게 한 적도 있다. 부모님한테 듣고 싶은 말을 미리 조사해두었다가 학부모 설명회 때 부모님에게 알려드리기도 했다. 아이들이 듣고 싶은 말은 주로 '너 참 멋져. 잘하고 있어. 수고했어. 우리 딸(우리 아들) 최고야.'였다. 필자가 조사한 내용뿐만 아니라 학생이 친구, 부모님, 선생님에게 듣고 싶은 말을 조사하여 발표한 기사를 접했는데, 그 기사에서도 학생들이 듣고 싶은 말 1위는 '정말 잘했어!'였다. '네가 자랑스럽구나!', '엄마는 널 믿는다'는 말도 듣고 싶은 말 순위에 올랐다.

10대 자녀가 부모에게 듣고 싶은 말 5가지
- 네가 자랑스럽구나!
- 무슨 일이든 다 갖고 와도 좋아. 언제든지 잘 들어줄게.
- 널 알고, 이해하고 싶구나!
- 엄만, 널 믿는다.
- 널 사랑해. 세상 그 누구보다도. (출처: 자녀교육 가이드북)

◈'학생이 (친구에게/부모님에게/선생님에게) 듣고 싶은 말'TOP 10◈

대상 순위	학생이 친구에게 듣고 싶은 말	학생이 부모님에게 듣고 싶은 말	학생이 선생님에게 듣고 싶은 말
1	내 친구가 되어줘서 고마워	우리 딸/아들, 정말 잘 했어	참 잘 했어요
2	우리 같이 놀자	항상 사랑한다	괜찮아, 잘 하고 있어
3	너 정말 잘한다	넌 지금도 잘하고 있어	우리 함께 열심히 해보자
4	넌 지금도 충분히 잘하고 있어	오늘도 수고 많았어.	정말 수고 많았어.
5	너는 나의 좋은 친구야	괜찮아 다 잘될 거야	포기하지 마, 넌 할 수 있어
6	넌 정말 대단해	태어나줘서 고마워	앞으로 힘내자 파이팅
7	괜찮아, 잘했어	넌 잘 할 수 있을 거야	항상 잘 따라와 줘서 고마워
8	포기하지 마, 넌 할 수 있어	우리 같이 놀러 가자	넌 정말 성실한 학생이야.
9	우리같이 하자	넌 최고의 선물이야.	너는 참 착하구나
10	나랑 친하게 지내자	네가 하고 싶은 대로 해도 돼	시험 100점!

표 출처 : 한경닷컴 https://www.hankyung.com/society/article/20220220224Y

칭찬을 할 때는 결과나 재능보다는 과정을 칭찬한다. "이번 시험에서 1등 하다니 정말 잘했다"보다는, "시험 기간에 체계적으로 계획을 세우고 실천해서 좋은 성적이 나왔구나."가 효과적이다. 행동했을 때 바로 이야기한다. 자녀가 칭찬받을 행동을 했을 때는 상황에 관계없이 바로 칭찬하는 것이 좋다. 기분이나 상황이 좋아진 뒤에 얘기하면 아이는 부모가 기분에 따라 칭찬한다고 오해하게 된다. 칭찬의 초점을 자녀에게 맞춘다. "열심히 노력해서 좋은 결과가 나오니 뿌듯하겠구나."처럼 자녀가 느끼는 성취의 기쁨에 초점을 맞춰 얘기하는 것이 좋다. 비교하는 칭찬은 안 하도록 한다. "넌 형보다 똑똑해.", "넌 ~보다 머리가 좋아."처럼 비교하는 칭찬보다는 "넌 수학을 잘하고, 형은 미술이 뛰어나."와 같이 각자의 장점을 살려 이야기하는 것이 좋다. 지나친 기대를 담은 칭찬은 피한다. "넌 우리나라 최고의 대학에 합격할 거야."처럼 실현 가능성이 적고 지나친 기대를 담은 칭찬은 자녀에게 큰 부담을 줄 수 있다. 자녀는 부모의 기대에 부응하기 위해 본인의 능력 이상의 것을 하려고 노력하고 실행이 안 되면 자신감을 상실하게 될 수도 있다.

꾸중할 때는 이렇게 하자. 꾸짖기 전에 아이의 생각을 듣는다. 아무리 화나는 일이 있어도 혼내기 전에 아이의 생각을 들어봐야 한다. 다짜고짜 화부터 내면 아이는 '엄마는 나만 보면 화를 내.'라는 인식을 가질 수 있다. 일관성과 객관성을 갖고 꾸짖도록 한다. 똑같이 행동했는데 기분이 좋을 때는 넘어가고 컨디션이 안 좋을 때는 혼을 내면 아이는 혼란에 빠진다. 부모에 대한 신뢰도 떨어지고 어떤 행동이 옳고 그른지 판단하는 능력도 흐려지게 된다. 잘못한 부분에 대해 지적할 때는 앞으로 어떻게 고쳐나가면 좋은지 올바른 방향을 제시하도록 한다. 눈높이를 맞추고 이야기한다. 자세를 낮춰 아이와 눈높이를 맞추고 이야기하면 혼을 내면서도 아이의 자존감을 지킬 수 있다. 아이는 엄마의 관심이 자신에게 집중되어 있다는 생각에 부모의 이야기에 귀 기울이고 잘못한 행동도 고치게 된다. 긍정문으로 대화를 한다. "동생이랑 싸우지 마.", "울지 마."와 같은 부정적인 화법은 듣는 사람에게 무력감을 준다. 긍정문으로 얘기하면 아이는 자신이 어떤 행동을 해야 하는지 알기 때문에 바른 행동을 하려는 마음이 생기게 된다.

여러분은 어떤 말을 듣고 싶은가? 자녀에게 듣고 싶은 이야기가 있다면 한두 가지 정해서 한 번씩 해달라고 졸라보는 건 어떤가. 자녀에게 어떤 말을 듣고 싶은지 물어보자. 그리고 자녀가 듣고 싶은 말을 귀에 못이 박히도록 해주자. 공부해라, 이거 해라 저거 해라 잔소리가 아닌, 아이가 듣고 싶은 말을 해주고 사소한 것이라도 칭찬을 해준다면 부모와 자녀와의 관계가 좀 더 돈독해지지 않을까 하는 생각이 든다. 사랑을 표현하는 데에도 용기가 필요하다. 사람들은 상대가 한 말은 금방 잊어버리지만, 그 느낌은 잊지 않는다고 한다. 쑥스럽고 어색하다면… 연기한다고 생각하자. 하루에 한 번씩 자녀에게 '사랑한다, 고맙다, 미안하다' 중 한 가지 표현을 해보자.

"All the world's a stage, And all the men and women merely players."

이 세상은 연극 무대, 세상 모든 남녀는 단지 배우일 뿐.

– William Shakespeare

마지막으로 이런 부모 되기 어떨까?
1. 내 아이는 남과 비교할 수 없는 특별한 아이라고 여기는 부모!
2. 설득과 훈계보다는 소통하고 공감하는 부모!
3. 내 아이가 스스로 찾고 원하고, 하고자 할 때까지 기다려주는 부모! 좋은 결과에 칭찬해주고, 실패했을 때 더욱 격려해주는 부모!
4. 말로 지시하기보다는 행동으로 보여주는 부모!
5. 내 아이가 타인에게 인정받기보다는 행복한 사람이 되길 바라는 부모!
6. 경쟁에서 이기기보다 노력하는 모습을 더 소중히 여기는 부모!
7. 언제나 든든히 뒷받침이 되어줄 수 있는 지원군, 멘토가 되는 부모!

– 참고자료 : 「칭찬과 꾸중의 힘」(아동심리상담가 상진아 지음)

칭찬은 고래도 춤추게 합니다. 자녀가 부모님에게 듣고 싶어 하는 말은 '참 잘했어. 우리 아들(딸) 장하다.' 이런 말입니다. 사랑을 표현하는 데에도 용기가 필요합니다. 쑥스럽고 어색하다면 연기한다고 생각하고 자녀에게 '사랑한다, 멋지다'고 표현해봅시다.

중학생 자녀를 둔 부모이자 교사로서, '나부터 솔선수범'

2022년 2학기 영어 시간에 『이솝우화』 텍스트로 수업을 진행했다. 글의 내용을 파악하고 글의 교훈에 대한 이야기를 나누었다. 이야기로 접근하니 학생들이 꽤 흥미를 보였다. 그때 다루었던 이야기 중 유독 나에게 와닿은 내용이 있다. 「어미 게와 아기 게」의 이야기가 바로 그것이다.

어느 날, 어미 게와 그녀의 아기가 함께 걷고 있었다. 아기 게가 엄마보다 조금 앞서 걷고 있었는데 엄마 게가 아기 게에게 말했다.

"얘야, 왜 똑바로 걷지를 못하니? 왜 자꾸 옆으로 걷는 거야! 똑바로 앞쪽으로 걸어봐!"

"음, 저는 똑바로 걷는다고 걷고 있는 건데, 어떻게 하라는 건지 잘 모르겠네요. 엄마가 시범을 보여주면 따라 할게요."

"그래? 좋아! 그럼 엄마가 걷는 걸 잘 보거라."

하지만 엄마 게가 똑바로 걸으려고 노력했지만 똑바로 걷기가 불가능했다. 똑바로 걸으려고 하다가 다리만 더 꼬였다.

이 이야기가 주는 교훈이 무엇이라고 생각하는가? 'Don't tell others how to act unless you can set a good example. Be a good example first.'(좋은 본보기가 되지 않는 한 다른 사람들에게 어떻게 행동해야 하는지 말하지 말라. 먼저 좋은 본보기가 되어라.) '똑바로 해라' 아무리 크게 떠들어 봐야 소용없다. 말보다는 행동으로 보여줘야 한다. 그리고 '이래서는 안 된다 저래서는 안 된다.' 남의 잘못을 꼬집으려면 먼저 스스로 모범을 보여야 한다. 정작 자신이 똑바로 하지 못한다면 아무도 그 충고를 받아들이지 않을 것이다. 이 이야기의 교훈을 학생들에게 제시하면서 나 자신을 돌아보게 되었다. 학생들에게 또 내 자녀에게 나는 좋은 본보기를 보여주는 어른인지 말이다. 내 자녀가 바라는 모습이 있다면 나부터 그렇게 행동을 해야겠다는 다짐을 이 책을 쓰면서 다시 한 번 하게 된다. 학생들 교육도 그렇지만 자녀교육에 만병통치약은 없다고 생각한다. 마법 같은 전략은 없다. 끊임없이 자녀를 살피고 소통하며 해결해나가야 할 부분들이 있을 뿐이다. 이 책에 실린 노하우와 사례들을 참고하여 자녀들과 잘 소통하기 바란다. 이 책이 자녀교육에 부모가 관심을 가지고 끊임없이 공부해야 한다는 인식을 제고하는 데 일조하기 바란다.

누구나 매일 실패한다. 나도 지금까지 크고 작은 실수와 실패를 수없이 했고, 오늘도 후회되는 실수들을 저질렀다. 이 책을 썼다고 내가 맡은 반이 일 년 내내 아무 문제도 없다거나 자녀와 아무 문제가 없을 거라 생각한다면 심각한 오해이다. 문제 상황이 아예 없을 수는 없다. 문제 상황이 발생했을 때 어떻게 받아들이고 대처하느냐가 다를 뿐이다. 성장은 절대 그냥 이루어지지 않는다. 끊임없는 성찰을 통해 이루어진다. 이 세상에 완벽한 부모는 없다. 존재할 수 없는 완벽한 부모가 되려다 보면 부정적 상황을 직면할 때 자칫 회의감이 자존감 저하로 이어지고 무기력해지기 쉽다. 부모가 원하는 방향대로 자녀가 당장 변화하지 않으면 지칠 수도 있다. 하지만 아이들은 분명히 콩나물시루의 콩나물처럼 조금씩 자라고 있다. 우리가 모르는 사이에 먼 훗날에라도 중요한 변화는 분명히 찾아온다. 내 자녀를 키우는 것은 처음이지만 22년간 학생들을 가르쳐온 데이터를 바탕으로 그 부분은 확실하게 말할 수 있다.

책을 집필하는 과정은 언제나 나를 초심으로 돌아가게 해준다. 컴퓨터 하얀 화면 앞에서 글 쓰는 순간순간 한없이 작아지는 경험을 한다. 애써 찾은 자료와 문장들을 다 지워내기도 하고 부족한 부분을 채워 넣기도 하면서 원고가 완성되어가는 과정은 기쁘지만 탈고의 순간 꼭 찾아오는 감정이 있다. 독자들이 어떤 반응을 보일지 걱정이 앞서는 것이 솔직한 심정이다. 시중에 나와 있는 많은 자녀교육 책들을 보면서 좋은 자료가 이미 이렇게 많이 나와 있는데 내가 쓰는 이 책이 어떤 의미가 있을까 움츠러들기도 한다. 누구나 다 아는 뻔한 이야기를 하고 있는 건 아닌지

과연 독자에게 도움이 될 만한 내용들을 담고 있는지 돌아보게 된다. 하지만 언제나 그렇듯 단 한 명의 독자에게라도 도움이 된다면 이 책을 쓰는 데 들인 시간이 헛되지 않을 거라 믿는다. 나의 이 마음이 독자들에게가 닿기를, 많은 학생과 학부모님들이 행복한 하루하루를 보냈으면 하는 바람이다.

응원의 마음을 담아
2023년 2월
저자 최선경

참고자료 및 정보를 얻을 수 있는 사이트 모음

〈도서〉

1. 『중학생활백서』(2018), 정동완 외

2. 『부모의 말』(2022), 김종원

3. 『우리 편하게 말해요』(2022), 이금희

4. 『변화의 시작, 하루 1%』(2015), 이민규

5. 『작지만 확실한 습관 만드는 방법 10가지』(2023), 최선경

6. 『중등학급경영』(2022), 최선경

7. 『긍정의 힘으로 교직을 디자인하라』(2019), 최선경

8. 『고전 텐미닛』(2023), 최선경과 샛별반 친구들

9. 『내 삶을 바꾸는 하루 3분 체인지워크북』, 최선경

10. 『미라클맵』(2019), 엄남미

11. 『원 워드』(2017), 존 고든

12. 『칭찬과 꾸중의 힘』(2008), 상진아

〈장학자료 및 가이드북〉

1. 2021 자유학기제 교원·학부모용 장학자료, 경상남도교육청 제공

2. 교육부 부모교육 매뉴얼, 교육부 제공

3. 자녀교육 가이드북(2022, 2023), 대구광역시교육청 제공

4. 학교 폭력 사안처리 가이드북(2022, 2023), 대구광역시교육청 제공

5. 고등학교 진학 가이드, 대구광역시교육청 제공

6. 고등학교 입학전형 안내, 각 시 · 도교육청 제공

7. 학교생활기록부 작성 및 관리지침, 생활기록부 기재 요령(2022, 2023), 대구광역시교육청 제공

8. 중학교 자유학기제 바로알기, 교육부 제공

〈사이트〉

1. 에듀넷 티-클리어 www.edunet.net, 자유학기(년)제 안내 및 수업 · 평가 자료

2. EBS커리어 홈페이지 http://www.ebscareer.com

3. 성취평가제에 대한 설명을 볼 수 있는 곳: 한국교육과정평가원
   https://www.kice.re.kr/sub/info.do?m=010304&s=kice

4. EBS커리어 홈페이지 http://www.ebscareer.com

5. 여성가족부 〉좋은 부모 행복한 아이 〉자료실
   http://www.mogef.go.kr/kps/olb/kps_olb_s001d.do;jsessionid=DFDhP4
   wqoIWINVf5QLmGwm1e.mogef21?mid=mda710&div1=101&cd=kps&b
   btSn=705986

6. 도란도란 학교 폭력예방(doran.edunet.net)

7. oneword 사이트(https://getoneword.com/)

〈기사〉

1. 〈[문해력 리포트] ② 한국 청소년 '디지털 문해력'마저…OECD 바닥권〉
   https://www.yna.co.kr/view/AKR20211209134600501

2. 〈아이와의 대화 팁〉
   https://m.blog.naver.com/mogefkorea/221686056562

3. ⟨부모도 공부가 필요하다!⟩

https://m.blog.naver.com/PostView.naver?isHttpsRedirect=true&blogId
=mogefkorea&logNo=221728820174

4. ⟨사춘기 자녀교육⟩ http://ch.yes24.com/article/view/20353

5. ⟨2022 개정교육과정에 관한 것⟩

https://www.hani.co.kr/arti/society/schooling/1020636.html

https://blog.naver.com/moeblog/222962605779

6. ⟨고등학교 유형별 특징 및 지원 유의사항⟩

http://www.suna0073.com/schooling/29425

7. ⟨참 잘했어…학생들이 부모 · 선생님에게 듣고싶은 한마디⟩

https://www.hankyung.com/society/article/202202220224Y